高等学校规划教材

应用型本科电子信息系列

安徽省高等学校"十二五"规划教材
安徽省高等学校电子教育学会推荐用书

总主编　吴先良

高频电子线路

GAOPIN DIANZI XIANLU

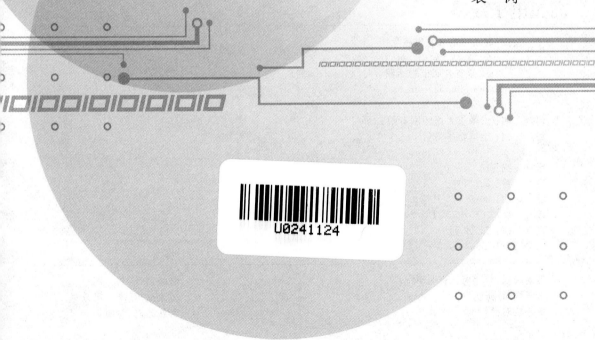

主　　编　鲁业频
副主编　常红霞　李　强
参编人员　陈兆龙　钟读贤
　　　　　万丽娟　李　娜
　　　　　袁　涛

北京师范大学出版集团
BEIJING NORMAL UNIVERSITY PUBLISHING GROUP

安徽大学出版社

图书在版编目(CIP)数据

高频电子线路/鲁业频主编.—合肥：安徽大学出版社，2015.5
高等学校规划教材.应用型本科电子信息系列/吴先良总主编
ISBN 978-7-5664-0936-2

Ⅰ.①高… Ⅱ.①鲁… Ⅲ.①高频—电子电路—高等学校—教材 Ⅳ.①TN710.2

中国版本图书馆 CIP 数据核字(2015)第 113039 号

高频电子线路

鲁业频　主　编

出版发行：北京师范大学出版集团
　　　　　安 徽 大 学 出 版 社
　　　　　（安徽省合肥市肥西路 3 号 邮编 230039）
　　　　　www. bnupg. com. cn
　　　　　www. ahupress. com. cn
印　　刷：安徽省人民印刷有限公司
经　　销：全国新华书店
开　　本：184mm×260mm
印　　张：13
字　　数：322 千字
版　　次：2015 年 5 月第 1 版
印　　次：2015 年 5 月第 1 次印刷
定　　价：26.00 元
ISBN 978-7-5664-0936-2

策划编辑：李　梅　张明举　　　　　　装帧设计：李　军
责任编辑：张明举　　　　　　　　　　美术编辑：李　军
责任校对：程中业　　　　　　　　　　责任印制：赵明炎

编委会名单

编写说明
Introduction

当前我国高等教育正处于全面深化综合改革的关键时期,《国家中长期教育改革和发展规划纲要(2010—2020年)》的颁发再一次激发了我国高等教育改革与发展的热情。地方本科院校转型发展,培养创新型人才,为我国本世纪中叶以前完成优良人力资源积累并实现跨越式发展,是国家对高等教育做出的战略调整。教育部有关文件和国家职业教育工作会议等明确提出地方应用型本科高校要培养产业转型升级和公共服务发展需要的一线高层次技术技能人才。

电子信息产业作为一种技术含量高、附加值高、污染少的新兴产业,正成为很多地方经济发展的主要引擎。安徽省战略性新兴产业"十二五"发展规划明确将电子信息产业列为八大支柱产业之首。围绕主导产业发展需要,建立紧密对接产业链的专业体系,提高电子信息类专业高复合型、创新型技术人才的培养质量,已成为地方本科院校的重要任务。

在分析产业一线需要的技术技能型人才特点以及其知识、能力、素质结构的基础上,为适应新的人才培养目标,编写一套应用型电子信息类系列教材以改革课堂教学内容具有深远的意义。

自2013年起,依托安徽省高等学校电子教育学会,安徽大学出版社邀请了省内十多所应用型本科院校二十多位学术技术能力强、教学经验丰富的电子信息类专家、教授参与该系列教材的编写工作,成立了编写委员会,定期开展系列教材的编写研讨会,论证教材内容和框架,建立主编负责制,以确保系列教材的编写质量。

该系列教材有别于学术型本科和高职高专院校的教材,在保障学科知识体系完整的同时,强调理论知识的"适用、够用",更加注重能力培养,通过大量的实践案例,实现能力训练贯穿教学全过程。

该教材从策划之初就一直得到安徽省十多所应用型本科院校的大力支持和重视。每所院校都派出专家、教授参与系列教材的编写研讨会,并共享其应用型学科平台的相关资源,为教材编写提供了第一手素材。该系列教材的显著特点有:

1. 教材的使用对象定位准确

明确教材的使用对象为应用型本科院校电子信息类专业在校学生和一线产业技术人员,所以教材的框架设计主次分明,内容详略得当,文字通俗易懂,语言自然流畅,案例丰富多彩,便于组织教学。

2.教材的体系结构搭建合理

一是系列教材的体系结构科学。本系列教材共有 14 本,包括专业基础课和专业课,层次分明,结构合理,避免前后内容的重复。二是单本教材的内容结构合理。教材内容按照先易后难、循序渐进的原则,根据课程的内在联系,使教材各部分之间前后呼应,配合紧密,同时注重质量,突出特色,强调实用性,贯彻科学的思维方法,以利于培养学生的实践和创新能力。

3.学生的实践能力训练充分

该系列教材通过简化理论描述、配套实训教材和每个章节的案例实景教学,做到基本知识到位而不深难,基本技能训练贯穿教学始终,遵循"理论—实践—理论"的原则,实现了"即学即用,用后反思,思后再学"的教学和学习过程。

4.教材的载体丰富多彩

随着信息技术的飞速发展,静态的文字教材将不再像过去那样在课堂中扮演不可替代的角色,取而代之的是符合现代学生特点的"富媒体教学"。本系列教材融入了音像、动画、网络和多媒体等不同教学载体,以立体呈现教学内容,提升教学效果。

本系列教材涉及内容全面系统,知识呈现丰富多样,能力训练贯穿全程,既可以作为电子信息类本科、专科学生的教学用书,亦可供从事相关工作的工程技术人员参考。

吴先良

2015 年 2 月 1 日

前言
Foreword

高频电子线路是电子科学以及电气信息类专业的一门重要专业基础课程,本教材是为适应 21 世纪高频电子线路基础课程教学改革的需要而编写的。主要内容包括高频小信号放大器、高频功率放大器、正弦波振荡器、振幅调制解调及混频、角度调制与解调电路、数字调制与解调、反馈控制电路、高效新型高频功率放大器在中波机中的应用等,共 9 章内容。

本教材以"讲透基本原理,打好电路基础,面向实际应用"为宗旨,强调物理概念的分析描述,避免复杂的数学推导。在有限的教学时数上,针对若干知识点的阐述,本教材有自己的特色,并在内容取舍、编排以及文字表达等方面尽量做到简单明了、通俗易懂,不仅易教而且便于自学。另外为了帮助初学者更好地掌握所学知识,每章后都有难度适当的习题,通过这些习题的解答,有利于提高学生的分析解题能力。全书内容深入浅出,理论联系实际。

本教材由多年从事高频电子线路教学的教师及长期在一线的广播电台工程技术人员,结合自身教学与实践经验并参考大量国内较为优秀教材的基础上编写而成,其具有以下几个特点:

1. 内容上注重系统性,重视基本核心内容的传授与讲解,符合专业人才培养方案的知识结构要求,譬如 1 到 5 章及第 7 章。同时也强调与时俱进,反映高频电子科技发展的现状,譬如第 6 章。

2. 适应应用型本科高校的特点,与我国电子科学与电子信息产业发展相适应,增加与生产实践相关的实例(案例),有助学生理解,有利就业后应用能力的提升,譬如各章节相关内容及第 8 章。

3. 内容表述的结构符合认知规律,适应当前应用型本科的生源水平,符合应用型本科学校的培养方案,有利于教和学。

4. 体系完整,注重各个课程知识内容相互之间的衔接。强调理论课与实践课教材统一规划,便于学生从事电子设计等相关工作。

按照编写的顺序,参加本教材编写工作的人员有,安庆师范学院李强、巢湖学院鲁业频、常红霞、陈兆龙,合肥师范学院钟读贤、万丽娟,宿州学院李娜,安徽广播电视台袁涛高级工程师。其中,常红霞老师负责全书的统稿工作。

《高频电子线路》可作为高等学校工科电子信息科学与电气信息类学生的电子技术基础课教材,也可作为广大电子电路工作者的参考用书。

　　本教材的出版,是所有编写者的共同努力,也凝聚着安徽大学出版社张明举老师的辛勤汗水。真诚欢迎使用本教材的读者,在使用过程中,对教材可能存在的问题,给作者或出版社提出宝贵的斧正意见,以便再版时更加完善,在此表示衷心感谢。鉴于本人也是从事高频电子线路教学多年的一线教师,对该课程怀有赤诚的感情,在认真阅读本教材的电子稿后,感觉该书对目前应用型本科院校的教学和实践,具有较好的适应性和可操作性,在教材内容组织上有许多可取之处。

鲁业频

2015 年 3 月 1 日

目 录
Contents

绪 论

高频电子线路广泛应用于通信系统和各种设备中。无线电通信、广播、雷达、导航等都是利用高频无线电波来传递信息。尽管它们在传递信息形式、工作方式及设备体制等方面有很大不同,但设备中产生和接收、检测高频信号的基本电路大致相同。本章重点是让学生掌握发射机和接收机的组成以及各组成部分的作用,以便让学生清楚高频电子线路究竟包括哪些电路,它们都有什么功用,高频电子线路有什么特点等知识,为本书的学习奠定基础。

1.1 通信与通信系统

1.1.1 通信系统的组成

将信息从发送者传到接收者的过程称为"通信"。实现传送过程的系统称为"通信系统"。通信系统的组成框图,如图 1-1 所示。

信息源是指需要传送的原始信息,如语言、音乐、图像、文字等,一般是非电物理量。输入换能器主要任务是将发信者提供的非电量消息变换为电信号,它能反映待发的全部信息,故称为"基带信号"。当输入消息本身就是电信号时(如计算机输出的二进制信号),输入换能器可省略而直接进入发送设备。

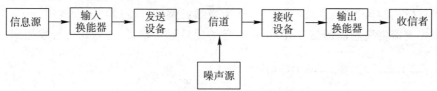

图 1-1 通信系统的组成框图

发送设备主要有两大任务:一是调制,二是放大。所谓"调制",就是将基带信号变换成适合信道传输的频带信号。它是利用基带信号去控制载波信号的某一参数,让该参数随基带信号的大小而变化的处理过程。所谓"放大",是指对调制信号和已调信号的电压和功率放大、滤波等处理过程,以保证把足够大功率的已调信号送入信道。

信道是信号传输的通道,又称"传输媒介"。通信系统中应用的信道大体可分为有线信道(如架空明线、同轴电缆、光缆等)和无线信道(如海水、地球表面、自由空间等)。不同的信道有不同的传输特性,相同媒介对不同频率的信号传输特性也是不同的。

接收设备的任务是将信道传送过来的已调信号进行处理,以恢复出与发送端相一致的基带信号,这种从已调波中恢复基带信号的处理过程,称为"解调"。显然解调是调制的反过程。

输出换能器的作用是将接收设备输出的基带信号变换成原来形式的消息,如声音、景物等,供收信者使用。

通信系统可从不同的角度进行分类。按传输的信息的物理特征,可以分为电话、电报、传真通信系统,广播电视通信系统,数据通信系统等;按信道传输的信号传送类型,可以分为模拟和数字通信系统;而按传输媒介(信道)的物理特征,可以分为有线通信系统和无线通信系统。在无线模拟通信系统中,信道是指自由空间。

1.1.2 无线通信系统的发送设备

无线电发送是以自由空间为传输信道,把需要传送的信息(声音、文字或图像等)变换成无线电传送到远方的接收者。

由天线理论可知,要将无线电信号有效地发射出去,发射天线的尺寸必须和电信号的波长相当。由原始非电量信息经转换的原始电信号一般是低频信号,波长很长。例如音频信号频率范围为 $0.02\sim20\mathrm{kHz}$,对应波长范围为 $15\sim15000\mathrm{km}$,要制造出相应尺寸的天线是不现实的。即使这样尺寸的天线制造出来,由于各个发射台均为同一频段的低频信号,在信道中会互相重叠、干扰,接收设备也无法选择所要接收的信号。因此,为了有效地进行传输,必须采用几百千赫以上的高频振荡信号作为载体,将携带信息的低频电信号"装载"在高频振荡信号上(这一过程称为"调制"),然后经天线发送出去。到了接收端后,再把低频电信号从高频振荡信号上"卸载"下来(这一过程称为"解调")。采用调制方式以后,由于传送的是高频振荡信号,所需天线尺寸便可大大减小。同时,不同的通信系统可以采用不同频率的高频振荡信号作为载波,这样在频谱上就可以互相区分开。

图 1-2 所示为调幅发射机组成框图。框图中高频振荡器产生等幅的高频正弦信号,经倍频器后,成为载波信号(简称"载波");不同信道内传输的载波频率(简称"载频")具有不同的频率范围。

调制器把调制信号"装载"到载波上,产生高频已调信号(也称"已调波")。

功率放大器将高频已调信号放大,获得足够的发射功率,作为射频信号发送到空间。

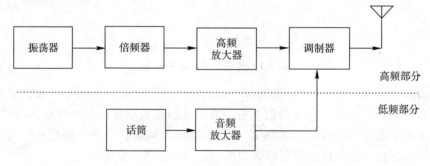

图 1-2 调幅发射机组成框图

1.1.3 无线通信系统的接收设备

高频放大器靠调谐电路对天线接收的微弱信号进行选择和放大;高频放大器的输出是载频为 f_s 的已调信号。本地振荡器用来产生 $f_L = f_s + f_I$ 的高频振荡信号。混频器将接收的已调信号与本地振荡信号混频,产生频率为 f_I 的中频信号。中频放大器是中心频率为 f_I 的固定带通放大器,可以进一步滤除无用信号。解调器将得到的中频调制信号变换为原基带信号,再经低频或视频放大器放大后从扬声器或显像器输出。

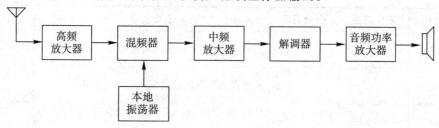

图 1-3 超外差调幅接收机组成框图

1.2 无线电波段的划分和无线电波的传播

无线电波的传播方式大体可分为 3 种:沿地面传播、沿空间直线传播和依靠电离层传播。

1.5MHz 以下的电磁波主要沿地表传播,称为"地波",如图 1-4 所示。这种电波沿地面传播比较稳定,传输距离也比较远,故可用于导航和播送标准的时间信号。

30MHz 以上的电磁波主要沿空间直线传播,称为"空间波",如图 1-5 所示。这种方式的传播距离是有限的,主要用于中继通信、调频和电视广播以及雷达、导航系统中。

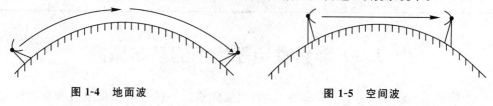

图 1-4 地面波　　　　　　　　　　**图 1-5 空间波**

1.5~30MHz 的电磁波,主要靠天空中电离层的折射和反射传播,称为"天波",如图 1-6 所示。这种方式的短波通信常用于远距离无线电广播、电话通信及中距离小型移动电台等。

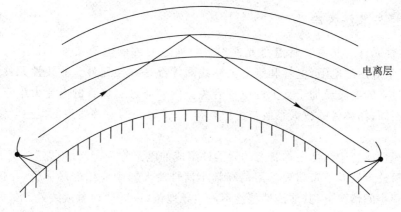

电离层

图 1-6 天波

表 1-1　无线电波的划分

波段名称	波长范围	频率范围	主要用途	频段名称
超长波	10～100 km	3～30 kHz	高功率、长距离点与点间的通信。	甚低频 (VLF)
长波	1～10 km	30～300 kHz	长距离点与点间的通信，船舶导航用。	低频 (LF)
中波	0.1～1 km	0.3～3 MHz	广播、船舶通信、飞行通信、警察用无线电、船港电话。	中频 (MF)
短波	10～100 m	3～30 MHz	中距离及远距离的各种通信与广播。	高频 (HF)
超短波 (米波)	1～10 m	30～300 MHz	短距离通信、电视、调频、雷达、导航。	甚高频 (VHF)
分米波	1～10 dm	0.3～3 GHz	短距离通信、电视、雷达。	超高频 (UHF)
厘米波	1～10 cm	3～30 GHz	短距离通信、雷达、卫星通信。	特高频 (SHF)
毫米波	1～10 mm	30～300 GHz	雷达、射电天文学。	极高频 (EHF)
光波	1 mm 以下	300GHz 以上	光通信	超极高频

1.3　非线性电子线路的基本概念

通信的基本任务就是实现信息的传输，而要完成这一任务必须依靠各种非线性电子线路对输入信号进行处理，以便产生特定波形与频谱的输出信号。在学习本书内容以前，应该对非线性元器件的基本特点有初步了解。

1.3.1　线性与非线性电路

所谓"线性元件"，其主要特点是元件参数与通过元件的电流或加于其上的电压无关。例如，通常大量应用的电阻、电容和空心电感线圈等都是线性元件。非线性元件则不同，它的参数与通过它的电流或加于其上的电压有关。例如通过二极管的电流大小不同，二极管的电阻值便不同；晶体管的放大系数与工作点有关；带磁心的电感线圈的电感量随通过线圈的电流而变化。

全部由线性或处于线性工作状态的元器件组成的电路称为"线性电路"。例如已经学过的低频小信号放大器及下章将要学习的高频小信号放大器中应用的晶体管，在适应选择工作点且信号很小的情况下，其非线性特性不占主导地位，可近似地看成线性元件。所以小信号放大器属于线性电路。电路中只要含有一个元器件是非线性的或处于非线性工作状态，则称为"非线性电路"。例如以下各章将要讨论的功率放大器、振荡器、混频器和各种调制解调器等都是非线性电路。

1.3.2　非线性电路的基本特点

本节以非线性电阻为例讨论非线性元器件的特点:工作特性的非线性、具有频率变换能力、不满足叠加原理。这些特点也适用于其他非线性元件。

一、工作特性的非线性

通常在电子线路中大量使用的电阻元件属于线性元件,通过元件的电流与元件两端的电压成正比,即

$$R = \frac{u}{i} \tag{1-1}$$

电阻元件的工作特性或伏安特性曲线是通过坐标原点的一条直线,如图 1-7。该直线的斜率的倒数就是电阻值

$$R = \frac{1}{\tan\alpha} \tag{1-2}$$

与线性电阻不同,非线性电阻的伏安特性曲线不是直线。例如,半导体二极管是一个非线性电阻元件,加在其上的电压与通过其中的电流不成正比关系。它的伏安特性曲线如图 1-8 所示,其正向工作特性按指数规律变化,反向工作特性与横轴非常接近。

如果在直流电压 V_0 之上再叠加一个微小的交变电压,其峰—峰振幅为 Δu ,则它在直流电流 I_0 之上引起一个交变电流,其峰—峰振幅为 Δi 。当 Δu 取得足够小时,我们把下列极限称为"动态电阻",以 r 表示,即

$$r = \lim_{\Delta u \to 0} \frac{\Delta u}{\Delta i} = \frac{\mathrm{d}u}{\mathrm{d}i} = \frac{1}{\tan\beta} \tag{1-3}$$

外加直流电压 V_0 所确定的点 Q ,称为"静态工作点"。因此,无论是静态电阻,还是动态电阻,都与所选的工作点有关。

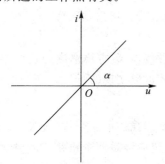

图 1-7　线性电阻的伏安特性曲线

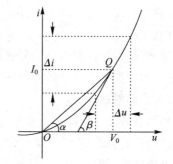

图 1-8　半导体二极管的伏安特性曲线

二、具有频率变换能力

如果在一个线性电阻元件上加某一频率的正弦电压,那么在电阻中就会产生同一频率的正弦电流。反之,给线性电阻通入某一频率的正弦电流,则在电阻两端就会得到同一频率的正弦电压。此时,线性电阻上的电压和电流具有相同的波形和频率,如图 1-9 所示。

对于非线性电阻来说,情况大不相同。例如对于如图 1-10 所示的半导体二极管的伏安特性曲线。当某一频率的正弦电压

$$u = U_m \sin\omega t \tag{1-4}$$

作用于该二极管时,可用作图法求出通过二极管的电流波形。显然,它已不是正弦波形。所以非线性元件上的电压和电流的波形是不同的。如果将二极管电流用傅里叶级数展开,可以发现,它的频谱中除包含电压的频率成分 ω 外,还产生了 ω 的各次谐波及直流成分。也就是说,半导体二极管具有频率变换的能力。

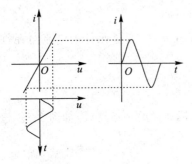 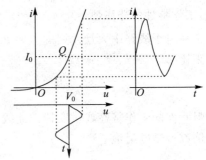

图 1-9　线性电阻上的电压与电流　　　图 1-10　正弦电压作用于二极管产生非正弦电流

比如设非线性电阻的伏安特性曲线为

$$i = ku^2 \qquad (1-5)$$

式中,k 为常数。

当该元件上加有两个正弦电压 $u_1 = U_{1m}\sin\omega_1 t$ 和 $u_2 = U_{2m}\sin\omega_2 t$ 时,可求出通过元件的电流为

$$
\begin{aligned}
i &= kU_{1m}^2\sin^2\omega_1 t + kU_{2m}^2\sin^2\omega_2 t + 2kU_{1m}U_{2m}\sin\omega_1 t\sin\omega_2 t \\
&= \frac{k}{2}(U_{1m}^2 + U_{2m}^2) - kU_{1m}U_{2m}\cos(\omega_1 + \omega_2)t + kU_{1m}U_{2m}\cos(\omega_1 - \omega_2)t \\
&\quad - \frac{k}{2}U_{1m}^2\cos 2\omega_1 t - \frac{k}{2}U_{2m}^2\cos 2\omega_2 t
\end{aligned}
\qquad (1-6)
$$

上式说明,电流中不仅出现了输入电压频率的二次谐波,而且还出现了由 ω_1 和 ω_2 组成的和频、差频及直流成分。

一般来说,非线性元件的输出信号比输入信号有更为丰富的频率成分。许多重要的无线电技术,正是利用非线性元件的这种频率变换能力才得以实现的。

三、不满足叠加原理

叠加原理是分析线性电路的重要基础。但是,对于非线性电路来说,叠加原理就不再适用了。例如上面所看到的例子,如果根据叠加原理,电流应该是两个正弦电压分别单独作用时所产生的电流之和,即

$$i = ku_1^2 + ku_2^2 = kU_{1m}^2\sin^2\omega_1 t + kU_{2m}^2\sin^2\omega_2 t \qquad (1-7)$$

与式(1-6)比较一下,显然是不相同的。

非线性电路可采用图解法来进行分析,但在实际电路中,常采用工程近似解析法。工程近似解析法的精度虽比较差,但它有助于了解电路工作的物理过程,并能对电路性能作出粗略的估算。所谓"工程近似解析法",就是根据工程实际情况,对器件的数学模型和电路工作条件进行合理的近似,列出电路方程,从而解得电路中的电流和电压,获得具有实用意义的结果。

工程近似解析法的关键是如何写出比较好的反映非线性元器件特性的数学表达式。由

于不同的非线性元器件特性各不相同,即使同一个非线性元器件,由于其工作状态不同,它们的近似数学表达式也不同。非线性电子线路中,常采用幂级数分析法、折线分析法和开关函数分析法等,这些将在后面各章中分别加以讨论。

1.4　本课程的主要内容及特点

通过本章的学习,我们已对无线通信有了一个粗浅的了解。概括说来,高频电子线路主要研究通信系统中共用的基本单元电路,其内容包括小信号(高频或中频)放大电路、高频功率放大电路、正弦波振荡电路、调制和解调电路、混频电路等。在学习本课程时应注意以下几点:

1. 高频电子线路分析方法的复杂性

高频电子线路大部分电路都属于非线性电路,对其进行精确求解十分困难。一般都采用计算机辅助设计的方法进行近似分析,在工程上也往往根据实际情况对器件的数学模型和电路的工作条件进行合理的近似等效,以便用简单的分析方法获得具有实际意义的结果,而不必过分追求其严格性,因为工程上需要通过调试来达到最终结果。因此在学习过程中,对每一章中介绍的功能单元电路,要掌握该单元电路的基本电路组成、工作原理、基本性能参数计算,掌握好基础知识以方便对复杂电路进行分析。

2. 高频电子线路种类和电路形式的多样性

高频电子线路能够实现的功能和单元电路很多,实现每一功能的电路形式也是多样的,这就给学习带来了较大的难度。不过这些电路都是用非线性器件来实现的,都是在为数不多的电路基础上发展起来的。因此,在学习时要抓住各种电路之间的共性,分析各种功能之间的内在联系,而不仅局限于掌握一个个具体的电路及其工作原理,做到以点带面、举一反三。

3. 高频电子线路具有很强的实践性

由于非线性电子线路工作频率一般都比较高,以及电路一般比较复杂,其理论分析与实际电路参数之间有偏差,需要进行一定的归纳和抽象,因此非线性电子线路还有许多实际问题及理论概念,需要通过实践环节进行学习和加深理解。另外,非线性电子线路的调试技术要比线性电路线路复杂得多,因此加强实践训练是十分重要的。当前,由于高频电子线路新技术、新器件不断出现,加强集成功能电路的了解及 EAD 技术的掌握也是提高实践能力的一个重要内容,所以本课程学习时,必须重视实践环节,坚持理论联系实际,在实践中积累丰富的经验。

习题 1

1-1　画出无线通信发射机、接收机的原理框图，并说出各部分的作用。

1-2　无线通信为什么要用高频信号作为载频？为什么要进行调制？

1-3　非线性电路有何基本特点？

第2章　高频小信号放大器

高频小信号放大器可以从众多微弱信号中分离出所需频率信号,并能对所需信号进行放大以供后续电路进行信号处理,广泛应用于无线通信设备的接收机中。采用由 LC 谐振回路作为选频网络构成的选频放大器称为"小信号谐振放大器"或"调谐放大器",由于输入信号很小,器件通常工作在甲类状态。目前通信设备中广泛采用由集中选频滤波器和集成宽带放大器组成的集中选频放大器,它具有选择性好、性能稳定、调整方便等优点。放大器内部噪声将影响到放大器对微弱信号的放大能力,从而影响到接收机的灵敏度,因而低噪放大器广泛应用于接收机的前端电路。

本章首先对简单谐振回路的基本原理及特性进行分析,介绍几种常见的阻抗变换电路;然后分析小信号放大器的基本工作原理及性能,介绍常见的小信号放大器及其基本特性;最后针对放大器中的噪声进行分析讨论。

2.1　LC 谐振回路

在具有电阻 R、电感 L 和电容 C 元件的交流电路中,电路两端的电压与电流相位一般是不相同的。如果调节电路元件(L 或 C)的参数或电源频率,可以使电压和电流的相位相同,整个电路呈现为纯电阻性。电路达到的这种状态称为"谐振"。LC 谐振回路是最基本也是最简单的谐振回路,具有较好的选频及阻抗变换作用,广泛应用于各种高频通信电路中。本节主要介绍最基本的串联谐振回路和并联谐振回路。

2.1.1　串联谐振回路

一、工作原理

LC 串联谐振回路如图 2-1 所示,图中 r 表示电感 L 的损耗电阻,电容 C 的损耗可忽略。

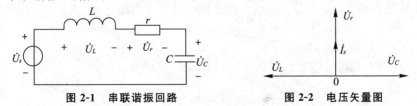

图 2-1　串联谐振回路　　　　　**图 2-2　电压矢量图**

由图可知,回路的总阻抗为

$$Z_s = r + j\omega L + \frac{1}{j\omega C} = r + j(\omega L - \frac{1}{\omega C}) \tag{2-1}$$

根据式(2-1)可得出阻抗的模和辐角分别为

$$|Z_s| = \sqrt{r^2 + (\omega L - \frac{1}{\omega C})^2} \tag{2-2}$$

$$\varphi = \arctan \frac{\omega L - \dfrac{1}{\omega C}}{r} \qquad\qquad (2-3)$$

谐振回路的电抗为

$$X = \omega L - \frac{1}{\omega C} \qquad\qquad (2-4)$$

谐振回路的电流为

$$\dot{I}_s = \frac{\dot{U}_s}{Z_s} = \frac{\dot{U}_s}{r + \mathrm{j}\left(\omega L - \dfrac{1}{\omega C}\right)} \qquad\qquad (2-5)$$

当 $\omega L = \omega C$ 时，回路中的等效阻抗为纯电阻，且最小，回路发生谐振，回路中的电流取得最大值，此时有

$$\omega_0 = \frac{1}{\sqrt{LC}} \text{ 或 } f_0 = \frac{1}{2\pi\sqrt{LC}} \qquad\qquad (2-6)$$

ω_0 称为"回路的谐振角频率"（f_0 称为"回路的谐振频率"）。

此时，回路总阻抗呈阻性，$Z_{s0} = r$。

回路总电流达到最大值，为

$$\dot{I}_{s0} = \frac{\dot{U}_s}{Z_{s0}} = \frac{\dot{U}_s}{r} \qquad\qquad (2-7)$$

由此可得，当回路发生谐振时，$\omega - \omega_0 = 0$，$X = 0$，$\varphi = 0$，回路呈阻性；当 $\omega - \omega_0 > 0$ 时，$X > 0$，$\varphi > 0$，回路呈感性；当 $\omega - \omega_0 < 0$ 时，$X < 0$，$\varphi < 0$，回路呈容性。

现在我们具体分析串联回路中各元件的电压，由图 2-1 可得 $\dot{U}_s = \dot{U}_L + \dot{U}_r + \dot{U}_C$，$\dot{U}_L = \dot{I}_s \cdot \mathrm{j}\omega L$，$\dot{U}_r = \dot{I}_s \cdot r$，$\dot{U}_C = \dot{I}_s \cdot \dfrac{1}{\mathrm{j}\omega C}$。若以电流 $\dot{I}_s$ 为参考方向，可画出电压矢量图，如图 2-2。

据图 2-2 可知，$\dot{U}_r$ 与 $\dot{I}_s$ 相位一致，$\dot{U}_L$ 超前 $\dot{I}_s$ 相位 $\dfrac{\pi}{2}$，$\dot{U}_C$ 滞后 $\dot{I}_s$ 相位 $\dfrac{\pi}{2}$。当回路发生谐振时，$\dot{U}_L = -\dot{U}_C$，$\dot{U}_s = \dot{U}_r$，$\dot{U}_s$ 与 $\dot{I}_s$ 同相。

现引入品质因数 Q，定义为谐振回路中的电抗与其等效电阻之比，如式 2-7 所示。

$$Q = \frac{\omega_0 L}{r} = \frac{1}{\omega_0 C r} \qquad\qquad (2-8)$$

根据以上分析，当回路发生谐振时

$$\dot{U}_L = \dot{I}_s \cdot \mathrm{j}\omega_0 L = \mathrm{j}Q\dot{U}_s \qquad\qquad (2-9)$$

$$\dot{U}_C = \dot{I}_s \cdot \frac{1}{\mathrm{j}\omega_0 C} = -\mathrm{j}Q\dot{U}_s \qquad\qquad (2-10)$$

由式（2-9）、（2-10）可知，回路谐振时，电感 L 或电容 C 两端的电压值是外接电源电压值的 Q 倍。在高频电子电路中，一般 Q 取值比较大，往往达到几十至几百，此时电感 L 或电容 C 两端的电压值可能达到电源电压值的几十至几百倍，在实际电路中，选取元器件时需注意器件的耐压性。

二、通频带和选择性

根据前面的分析,我们可得

$$\frac{\dot{I}_s}{\dot{I}_{s0}} = \frac{r}{r + j(\omega L - \frac{1}{\omega C})} = \frac{1}{1 + j\frac{\omega_0 L}{r}(\frac{\omega}{\omega_0} - \frac{\omega_0}{\omega})} \qquad (2-11)$$

式(2-11)的模可表示为

$$\left|\frac{\dot{I}_s}{\dot{I}_{s0}}\right| = \frac{1}{\sqrt{1 + Q^2(\frac{\omega}{\omega_0} - \frac{\omega_0}{\omega})^2}} \qquad (2-12)$$

根据式(2-11)可画出回路电流幅值与外加电压频率 ω 的关系曲线,该曲线称为"回路的谐振曲线"。图 2-3(b)是串联谐振回路的相频特性曲线,相角 φ 是指回路电流 $\dot{I}_s$ 与信号源电压 $\dot{U}_s$ 的相位差,当 $\dot{I}_s$ 超前 $\dot{U}_s$ 时,$\varphi > 0$,此时回路阻抗应为容性,$\omega < \omega_0$。

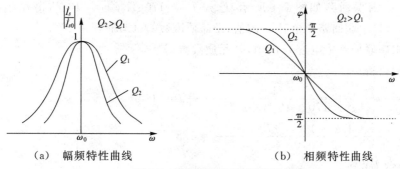

（a）　幅频特性曲线　　　　　　　（b）　相频特性曲线

图 2-3　串联谐振回路的谐振曲线

根据图 2-3(a)可知,Q 越高,谐振曲线越尖锐,回路的选择性越好。选择性是指谐振回路从众多频率信号中选出有用信号,同时抑制干扰信号的能力。通常回路的选择性越好,通频带就越窄。

现在讨论衡量谐振回路的另外两个重要参数,通频带和矩形系数。

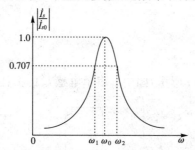

图 2-4　串联谐振回路的通频带与选择性

通频带是指当回路的外加信号电压保持不变,改变信号源的频率,使回路电流下降到谐振电流的 $1/\sqrt{2}$ 倍时,所对应的频率范围,也称为"带宽"。如图 2-4 所示。如果采用 dB 形式表示,当电流下降到最大值的 $1/\sqrt{2}$ 倍时,正好降低 3dB,因此也称为"通频带",一般用 BW_{3dB} 或 $BW_{0.7}$ 来表示。通频带的计算如式(2-13),

$$BW_{0.7} = 2\Delta f_{0.7} = \frac{f_0}{Q} \tag{2-13}$$

式(2−13)说明,回路的 Q 值与带宽 B 成反比,Q 值越大,谐振曲线越尖锐,回路选择性越好,但是带宽越窄。

实际应用中,谐振回路通常作为选频回路,可被视作滤波器。理想的滤波器通常都是一个矩形,而实际电路的性能往往达不到理想条件。在实际分析电路时,通常用矩形系数来表示实际电路与矩形波的接近程度,用符号 $K_{r0.1}$ 表示。

$$K_{r0.1} = \frac{BW_{0.1}}{BW_{0.7}} \tag{2-14}$$

式(2−14)中 $BW_{0.1}$ 表示回路电流由最大值下降到 0.1 倍时所对应的频率范围。对于理想滤波器,$K_{r0.1}=1$,而实际滤波器 $K_{r0.1}$ 总是大于 1。对于单调谐回路,$B_{0.1} = \sqrt{10^2-1} \cdot f_0/Q$,$K_{r0.1} = \sqrt{10^2-1} \approx 9.95$,远远大于 1,因此选择性较差。提高回路的选择性,可采用多调谐滤波器,也可采用石英晶体滤波器、陶瓷滤波器或声表面滤波器等。

例 2-1 串联谐振回路如图 2-1 所示,已知 $L = 170\mu H$,$r = 10\Omega$,谐振频率 $f_0 = 1.2MHz$,试求:(1)串联回路中电容 C 的值,及品质因数 Q;(2)通频带 $BW_{0.7}$。

解: (1)求串联回路中电容 C 的值,及品质因数 Q。

由式(2−6)可得

$$C = \frac{1}{4\pi^2 L f_0^2} = \frac{1}{4\pi^2 \times 170 \times 10^{-6} \times 1.2^2 \times 10^{12}} = 103pF$$

$$Q = \frac{\omega_0 L}{r} = \frac{2\pi \times 1.2 \times 10^6 \times 170 \times 10^{-6}}{10} = 128$$

(2)求通频带 $BW_{0.7}$。

由式(2−12)可得

$$BW_{0.7} = 2\Delta f_{0.7} = \frac{f_0}{Q} = \frac{1.2 \times 10^6}{128} = 9.38kHz$$

通过计算可知,串联谐振回路的品质因数 Q 为 128,比较大,而带宽 $BW_{0.7}$ 只有 9.38kHz,则较小,两者是一对相互制约的量。

2.1.2 并联谐振回路

一、工作原理

LC 并联谐振回路如图 2-5 所示,图中 r 表示电感 L 的损耗电阻,电容 C 的损耗可忽略。

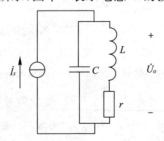

图 2-5 并联谐振回路

由图 2-5 可得并联谐振回路的总阻抗为

$$Z_p = \frac{(r + j\omega L)\dfrac{1}{j\omega C}}{r + j\omega L + \dfrac{1}{j\omega C}} = \frac{(r + j\omega L)\dfrac{1}{j\omega C}}{r + j\left(\omega L - \dfrac{1}{\omega C}\right)} \tag{2-15}$$

当 $\omega L = \omega C$ 时，回路中的等效阻抗为纯电阻且最大，回路发生谐振，此时并联谐振回路的等效阻抗可用式（2-15）表示，这与串联谐振回路的特性是对偶的，串联谐振回路在谐振时等效阻抗最小，此时有

$$Z_p = R_p = \frac{L}{Cr} \tag{2-16}$$

谐振频率为

$$\omega_0 = \frac{1}{\sqrt{LC}} \text{ 或 } f_0 = \frac{1}{2\pi\sqrt{LC}} \tag{2-17}$$

品质因数 Q 为

$$Q = \frac{\omega_0 L}{r} = \frac{1}{\omega_0 Cr} \tag{2-18}$$

品质因数 Q 也可表示成

$$Q = \sqrt{\frac{L}{C}} / r \tag{2-19}$$

如果用 Q 来表示式（2-15），也可写成下式

$$R_p = \frac{L}{Cr} = \frac{\omega_0{}^2 L^2}{r} = Q\omega_0 L = Q\frac{1}{\omega_0 C} \tag{2-20}$$

由式（2-20）可得出，并联回路发生谐振时，回路的等效谐振电阻是电感支路或电容支路等效电抗的 Q 倍。通常 $Q \gg 1$，因此并联回路谐振时呈现较大的电阻，这也是并联谐振回路的一个重要特性。

二、通频带和选择性

现将式（2-20）、（2-19）及（2-18）代入式（2-15）可得并联谐振回路阻抗的频率特性

$$Z_p = \frac{R_p}{1 + j\left[\left(\omega L - \dfrac{1}{\omega C}\right)/r\right]} = \frac{R_p}{1 + j\dfrac{\omega_0 L}{r}\left(\dfrac{\omega}{\omega_0} - \dfrac{\omega_0}{\omega}\right)} = \frac{R_p}{1 + jQ\left(\dfrac{\omega}{\omega_0} - \dfrac{\omega_0}{\omega}\right)} \tag{2-21}$$

通常，谐振回路主要研究谐振频率 ω_0 附近的频率特性。由于 ω 十分接近于 ω_0，因此可近似认为 $\omega + \omega_0 \approx 2\omega_0$，$\omega\omega_0 \approx \omega_0{}^2$，若令 $\omega - \omega_0 \approx \Delta\omega$，则式（2-15）可改写成以下形式

$$Z_p \approx \frac{R_p}{1 + jQ\dfrac{2\Delta\omega}{\omega_0}} \tag{2-22}$$

并联谐振回路阻抗幅频特性和相频特性如下：

$$|Z_p| = \frac{R_p}{\sqrt{1 + \left(Q\dfrac{2\Delta\omega}{\omega_0}\right)^2}} \tag{2-23}$$

$$\varphi = -\arctan\left(Q\frac{2\Delta\omega}{\omega_0}\right) \tag{2-24}$$

根据式（2-23）和（2-24）可分别作出并联谐振回路的幅频特性曲线和相频特性曲线，

如图 2-6 所示。

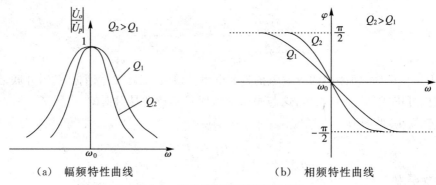

（a）幅频特性曲线　　　　　　　　　　（b）相频特性曲线

图 2-6　并联谐振回路的谐振曲线

应该指出，串联谐振回路谐振曲线的纵坐标是回路电流相对值 $\left|\dot{I}_s/\dot{I}_{s0}\right|$；并联谐振回路谐振曲线的纵坐标则是回路端电压相对值 $\left|\dot{U}_s/\dot{U}_{s0}\right|$。两者曲线形状相同，原因是：串联谐振回路时，电抗为零，回路阻抗最小，因此回路电流出现最大值；并联回路谐振时，电纳等于零，回路导纳最小，阻抗最大，因此回路端电压出现最大值。失谐时，串联震荡回路阻抗增大，回路电流减小；并联震荡回路阻抗则减小，回路两端电压也随之减小。

对相位特性曲线来说，串联回路的相角 φ 是指回路电流 $\dot{I}_s$ 与信号源电压 $\dot{U}_s$ 的相位差。当 $\dot{I}_s$ 超前 $\dot{U}_s$ 时，$\varphi>0$，此时回路阻抗应为容性，$\omega<\omega_0$。并联回路的相角 φ 是指回路端电压 $\dot{U}_s$ 对信号源电流 $\dot{I}_s$ 的相位差，当 $\dot{U}_s$ 比 $\dot{I}_s$ 超前时，$\varphi>0$，此时回路阻抗应为感性，$\omega<\omega_0$。因此这两种电路都是在工作频率低于谐振频率时，$\varphi>0$。同样可推出，在工作频率高于谐振频率时，它们的 φ 都为负值。因此这两种电路的相位特性变化规律相同。

并联谐振回路的通频带、选择性与品质因数 Q 与串联谐振回路是一致的，计算如式（2—13）、（2—14）。

并联谐振回路常用于小高频信号放大电路、高频功率放大电路、混频电路及正弦波振荡电路等。

例 2-2　设一简单并联谐振回路 $f_0=10.7\text{MHz}$，$C=30\text{pF}$，通频带 $BW_{0.7}=100\text{kHz}$。试求电感 L 及品质因数 Q；若将该并联谐振回路的带宽设为 500kHz，则应在并联谐振回路上并联多大电阻才能满足要求？

解：（1）计算 L 和 Q 的值。由式 2—16 可得

$$L=\left(\frac{1}{2\pi f_0}\right)^2\cdot\frac{1}{C}=\left(\frac{1}{2\pi\times10.7\times10^6}\right)^2\cdot\frac{1}{30\times10^{-12}}=7.38\mu H$$

由式 2—13 可得

$$Q=\frac{f_0}{BW_{0.7}}=\frac{10.7\times10^6}{100\times10^3}=107$$

（2）计算回路等效谐振电阻 R_p

$$R_p=Q\frac{1}{\omega_0 C}=107\times\frac{1}{2\pi\times10.7\times10^6\times30\times10^{-12}}=53\text{k}\Omega$$

（3）求满足 500kHz 带宽的并联电阻值 R_1。设回路上要并联电阻的为 R_p，回路的有载品质

因数为 Q_L。

$$Q_L = \frac{f_0}{B} = 21.4$$

回来并联电阻后的总电阻为

$$\frac{R_p R_1}{R_p + R_1} = Q_L \frac{1}{\omega_0 C} = (21.4 \times \frac{1}{2\pi \times 10.7 \times 10^6 \times 30 \times 10^{-12}})\Omega = 10.6 \mathrm{k}\Omega$$

回路需要并联的电阻为

$$R_1 = \frac{10.6 \times 53}{53 - 10.6} = 13.25 \mathrm{k}\Omega$$

由计算可知,回路需要并联 $13.25\mathrm{k}\Omega$ 的电阻才能满足要求。

2.2 阻抗变换电路

常用的阻抗变换电路主要有电容和电感的抽头谐振回路及变压器电路等,信号源及负载对谐振回路也有一定的影响。

2.2.1 抽头式并联谐振电路的阻抗变换

实际应用中,经常碰到信号源或负载与回路中的电感或电容部分连接的振荡回路,也称为"抽头振荡回路",通过改变抽头的位置可实现回路与信号源的阻抗变换。常用的阻抗变换电路有变压器、电感和电容分压电路等。

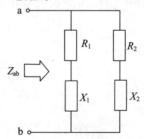

图 2-7 广义并联回路

首先分析广义并联谐振回路的总阻抗,在图 2-7 中令

$$Z_1 = R_1 + \mathrm{j}X_1 \tag{2-25}$$

$$Z_2 = R_2 + \mathrm{j}X_2 \tag{2-26}$$

则有

$$Z_{ab} = \frac{Z_1 Z_2}{Z_1 + Z_2} = \frac{(R_1 + \mathrm{j}X_1)(R_2 + \mathrm{j}X_2)}{(R_1 + \mathrm{j}X_1) + (R_2 + \mathrm{j}X_2)} \tag{2-27}$$

当回路发生并联谐振,有

$$X_1 + X_2 = 0 \tag{2-28}$$

通过对前面并联谐振回路的分析,回路发生谐振时,电抗上的电压是纯电阻电压的 Q 倍,单谐振回路也通常是高 Q 回路;且通常的电子线路都满足 $X \gg R$ 的条件,因此式 (2-27)可等效成式(2-29)。

$$Z_{ab} \approx -\frac{X_1 X_2}{R_1 + R_2} = \frac{X_1^2}{R_1 + R_2} = \frac{X_2^2}{R_1 + R_2} \tag{2-29}$$

图 2-7 中电抗可以是电感也可以是电容,或是它们的组合,该并联谐振回路若要谐振,则必须同时存在电感和电容。

现在我们分析常见的抽头式并联谐振回路的阻抗变换。常见抽头谐振回路如图 2-8 所示。

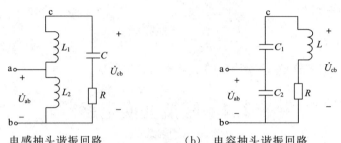

（a） 电感抽头谐振回路 　　　　（b） 电容抽头谐振回路

图 2-8　常见抽头谐振回路

根据前面的分析,针对图 2-8(a),当回路发生谐振时,我们可得出

$$Z_{ab} = \frac{(\omega_0 L_2)^2}{R} \tag{2-30}$$

$$Z_{cb} = \frac{(\omega_0 L)^2}{R} \quad (L = L_1 + L_2) \tag{2-31}$$

现引入抽头系数 p:定义为与外电路相连的那部分电压与本回路总电压之比,也称为"电压比"。

针对图 2-8(a)可得出

$$p = \frac{\dot{U}_{ab}}{\dot{U}_{cb}} = \frac{L_2}{L_1 + L_2} \tag{2-32}$$

$$\frac{Z_{ab}}{Z_{cb}} = p^2 \tag{2-33}$$

我们可以利用式(2-32)和(2-33)进行阻抗和电压源的折合,其中 ab 端的阻抗是 cb 端阻抗的 p^2 倍,ab 端的电压是 cb 端电压的 p 倍。

同理,针对图 2-8(b)我们也可得出和式(2-32)、(2-33)同样的结论,但是图 2-8(b)中的抽头系数计算如式(2-34)。

$$p = \frac{\dot{U}_{ab}}{\dot{U}_{cb}} = \frac{C_1}{C_1 + C_2} \tag{2-34}$$

$$C = \frac{C_1 C_2}{C_1 + C_2} \tag{2-35}$$

通常 $p < 1$,因此有 $Z_{ab} < Z_{cb}$。即由低抽头向高抽头转换时,等效阻抗提高 $1/p^2$ 倍;反之,由高抽头向低抽头转换时,等效阻抗降低 p^2 倍。

除了阻抗需要折合外,有时电压源和电流源也需要折合。图 2-9 是电流源折合电路,其中(a)是折合前电路,(b)是折合后电路。折合后电流源及其内阻发生了如下变化:

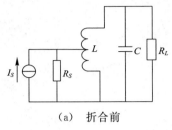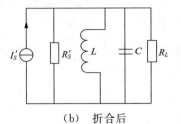

（a）　折合前　　　　　　　　　　　　（b）　折合后

图 2-9　电流源折合电路

$$I'_S = pI \tag{2-36}$$

$$R'_S = \frac{1}{p^2}R_S \tag{2-37}$$

由于 R_S 值一般都比较大，因此电流很小，不难证明，电流源折合后满足式（2-36）。

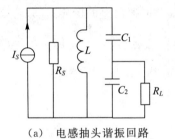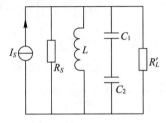

（a）　电感抽头谐振回路　　　　　　　（b）　电容抽头谐振回路

图 2-10　常见抽头谐振回路

图 2-10 是负载折合电路，折合后的负载满足式（2-38）。

$$R'_L = \frac{1}{p^2}R_L \tag{2-38}$$

2.2.2　信号源及负载对谐振回路的影响

在实际应用中，谐振回路必须与信号源及负载相连接，信号源的输出阻抗和负载阻抗都会对谐振回路产生影响，它们不但会使回路的等效品质因数下降、选择性变差，而且还会使谐振回路的频率发生偏移。

现以并联谐振回路为例，研究信号源及信号源内阻对谐振回路的影响，因此电源也采用电流源的形式，所有电阻都采用电导形式表示。

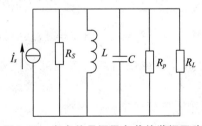

图 2-11　考虑信号源及负载的谐振回路

令 $G_S = \dfrac{1}{R_S}$ ，$G_p = \dfrac{1}{R_p}$ ，$G_L = \dfrac{1}{R_L}$ ，则回路的有载品质因数（考虑信号源及负载）为无功功率比有功功率，如下式

$$Q_L = \frac{1}{\omega L(G_p + G_L + G_s)} \qquad (2-39)$$

而无载品质因数(不考虑信号源及负载)为

$$Q = \frac{\omega L}{R} = \omega L G_p$$

$$Q_L = \frac{Q}{1 + \frac{R_p}{R_s} + \frac{R_p}{R_L}} \qquad (2-40)$$

由式(2-40)可知,R_s 和 R_L 越小,Q_L 下降就越多,因而会使谐振回路的通频带加宽、选择性变差。

例 2-3 设某放大器的负载为一并联谐振回路,其中 $L = 586\mu\text{H}$,$C = 200\text{pF}$,$r = 20\Omega$,试求:(1)并联谐振回路的谐振频率 f_0、品质因数 Q 及通频带 $BW_{0.7}$;(2)若信号源内阻 $R_s = 100\text{k}\Omega$,负载 $R_L = 180\text{k}\Omega$,试分析信号源、负载对谐振回路的影响。(3)若信号源采用抽头系数为 $p_1 = \frac{1}{3}$ 的自耦变压器接入,负载采用抽头系数为 $p_2 = \frac{1}{2}$ 的阻抗变换电路接入,再分析此时信号源、负载对谐振回路的影响。

解: (1)不考虑信号源内阻及负载的影响。

谐振频率为

$$f_0 = \frac{1}{2\pi \sqrt{LC}} = \frac{1}{2\pi \sqrt{586 \times 10^{-6} \times 200 \times 10^{-12}}}\text{Hz} = 465\text{kHz}$$

品质因数

$$Q = \sqrt{\frac{L}{C}}/r = \sqrt{\frac{586 \times 10^{-6}}{200 \times 10^{-12}}}/20 = 85.6$$

通频带

$$BW_{0.7} = \frac{f_0}{Q} = \frac{465}{85.6}\text{kHz} = 5.4\text{kHz}$$

$$R_p = \frac{L}{Cr} = \frac{586 \times 10^{-6}}{200 \times 10^{-12} \times 20}\Omega = 146\text{k}\Omega$$

(2)考虑信号源及负载的影响后。

$$R_e = R_s // R_p // R_L = 44.6\text{k}\Omega$$

$$Q_L = R_e\sqrt{\frac{C}{L}} = 44.6 \times 10^3 \times \sqrt{\frac{200 \times 10^{-12}}{586 \times 10^{-6}}} = 26$$

$$BW_{0.7} = \frac{f_0}{Q_L} = \frac{465}{26}\text{kHz} = 17.8\text{kHz}$$

上述结果表明,信号源内阻及负载使回路的有载品质因数下载,通频带变宽,选择性变差。

(3)信号源与负载分别采用阻抗变换电路接入

采用阻抗变换电路后,信号源和负载的等效电阻分别为

$$R'_s \frac{1}{p_1^2} R_s = 9 \times 100\text{k}\Omega = 900\text{k}\Omega$$

$$R'_L = \frac{1}{p_2^2} R_L = 4 \times 180\text{k}\Omega = 720\text{k}\Omega$$

此时,谐振回路的 R'_e,Q'_L,$BW'_{0.7}$ 分别为:

$$R'_e = R'_s \text{ // } /R_p \text{ // } R'_L = 107\text{k}\Omega$$

$$Q'_L = R'_e\sqrt{\frac{C}{L}} = 107 \times 10^3 \times \sqrt{\frac{200 \times 10^{-12}}{586 \times 10^{-6}}} = 62.5$$

$$BW'_{0.7} = \frac{f_0}{Q'_L} = \frac{465}{62.5}\text{kHz} = 7.44\text{kHz}$$

计算结果表明,添加阻抗变换电路后,信号源和负载的等效电阻增大,有载品质因数减小,有效缓解了对并联谐振回路的影响。

2.3 小信号谐振放大器

高频小信号放大器主要用来放大无线接收机中的高频小信号,以便作进一步的信号处理。以谐振回路作为选频回路的高频小信号放大器称作"小信号谐振放大器"。

2.3.1 晶体管的等效电路

高频工作时,晶体管的电抗效应不容忽略,因此,在分析高频小信号放大器时通常采用晶体管高频等效电路。它的等效电路常用的有 Y 参数等效电路和混合 Π 等效电路。

对于通频带较窄的窄带谐振放大器来说,采用 Y 参数等效电路进行分析比较方便。Y 参数通常是在晶体管输入端、输出端交流短路时测出,这在高频情况下较易实现。小信号谐振放大器的谐振回路通常是与晶体管并联,采用导纳形式的等效电路将各并联支路的导纳直接相加,从而便于电路的分析计算。

混合 Π 等效电路考虑了晶体管内部的复杂关系,采用元件 R,L 和 C 模拟每一元件与晶体管内部的复杂物理关系。它的各元件在较宽的频带范围都是常数,但是分析和计算较为不便。

一、Y 参数等效电路

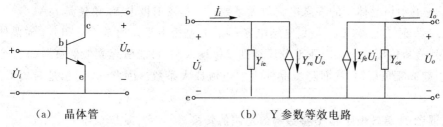

   (a) 晶体管   (b) Y 参数等效电路

图 2-12 晶体管及 Y 参数等效电路

图 2-12 为共射极晶体管及其 Y 参数等效电路,现假设输入电压 $\dot{U}_i$ 和输出电压 $\dot{U}_o$ 为自变量,输入电流 $\dot{I}_i$ 和输出电流 $\dot{I}_o$ 为参变量,由图可得式(2—41)、(2—42)。

$$\dot{I}_i = Y_{ie}\dot{U}_i + Y_{re}\dot{U}_o \tag{2-41}$$

$$\dot{I}_o = Y_{fe}\dot{U}_i + Y_{oe}\dot{U}_o \tag{2-42}$$

式中:

$$Y_{ie} = \frac{\dot{I}_i}{\dot{U}_i}\bigg|_{\dot{U}_o=0} \quad \text{为输出端短路时的输入导纳；}$$

$$Y_{re} = \frac{\dot{I}_i}{\dot{U}_o}\bigg|_{\dot{U}_i=0} \quad \text{为输入端短路时的反向传输导纳；}$$

$$Y_{fe} = \frac{\dot{I}_o}{\dot{U}_i}\bigg|_{\dot{U}_o=0} \quad \text{为输出端短路时的正向传输导纳；}$$

$$Y_{oe} = \frac{\dot{I}_o}{\dot{U}_o}\bigg|_{\dot{U}_i=0} \quad \text{为输入端短路时的输出导纳。}$$

晶体管的 Y 参数可以通过专用仪器直接测量得到，也可查阅手册得到。

通过上述分析可见，Y 参数等效电路不仅适用于分析晶体管电路，同样适用于分析任何四端口或三端口网络。

二、混合 Π 等效电路

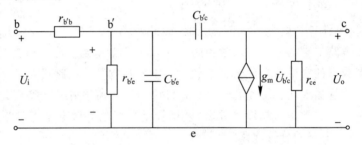

图 2-13　晶体管混合 Π 等效电路

图 2-13 为共射极晶体管的混合 Π 等效电路。图中，$r_{b'e}$ 是基极－发射极间电阻，

$$r_{b'e} = 26\frac{\beta_0}{I_E} \tag{2-43}$$

式中，β_0 是共射极晶体管的静态电路放大系数；I_E 是发射极电流，单位是 mA。

$C_{b'e}$ 是发射结电容；$C_{b'c}$ 是集电结电容；$r_{b'b}$ 是基极电阻。通常 $C_{b'c}$ 和 $r_{b'b}$ 对晶体管是不利的。$C_{b'c}$ 会将输出的交流电压部分反馈到基极输入端，可能引起放大器自激。$r_{b'b}$ 会在共基电路中引起高频负反馈，从而降低晶体管的电流放大系数。因此，我们总是希望 $C_{b'c}$ 和 $r_{b'b}$ 比较小。

三、混合 Π 等效电路和 Y 参数等效电路的转换

根据 Y 参数的定义，结合图 2-12 及 2-13 推导出了 Y 参数与混合 Π 参数之间的关系式，具体推导过程较复杂，这里不再赘述，直接给出推导结果。

$$Y_{oe} = g_{ce} + j\omega C_{b'c} + \frac{j\omega C_{b'c}r_{bb'}g_m}{1 + r_{bb'}(g_{b'e} + j\omega C_{b'e})} \tag{2-44}$$

$$Y_{re} = \frac{-j\omega C_{b'c}}{1 + r_{bb'}(g_{b'e} + j\omega C_{b'e})} \tag{2-45}$$

$$Y_{fe} = \frac{g_m}{1 + r_{bb'}(g_{b'e} + j\omega C_{b'e})} \tag{2-46}$$

$$Y_{ie} = \frac{g_{b'e} + j\omega C_{b'e}}{1 + r_{bb'}(g_{b'e} + j\omega C_{b'e})} \tag{2-47}$$

由此可见，Y 参数不仅与静态工作点的电压、电流值有关，而且与工作频率也有关，是频率的复函数。当放大器工作在窄带时，Y 参数变化不大，可以将 Y 参数看作常数。

2.3.2　单调谐谐振回路放大器

一、放大电路原理分析

图 2-14 所示是常用的晶体管单调谐回路放大器电路。在这个电路中，晶体管的输出由线圈抽头以电感分压方式接入回路，使晶体管的输出导纳只和调谐回路的 1、2 端并联，减小了晶体管输出导纳对谐振回路的影响；耦合到下级采用降压变压器，从而减小负载导纳 Y_L 对谐振回路的影响。图中，R_{b1}、R_{b2}、R_e 构成分压式电流反馈直流偏置电路，以保证晶体管工作在甲类状态。C_b、C_e 分别为基极、发射极旁路电容，用以短路高频交流信号。交流通路如图 2-15 所示。在多级放大器中，一般外接负载导纳就是下一级的输入导纳 Y_{ie}。

将晶体管用 Y 参数等效电路代替，则得图 2-14 所示等效电路。由于实用的单调谐放大器为保证其稳定地工作，都要采取一定措施，以使其内部反馈很小。因此，为了简化起见，图 2-15 中略去了内部反馈的影响，即假定 $Y_{re} = 0$。

设一次电感线圈 $1-2$ 之间的匝数为 N_{12}，$1-3$ 之间的匝数为 N_{13}，二次线圈匝数为 N_{45}。由图 2-15 可知，自耦变压器的匝比 p_1 和变压器一、二次间的匝数比 p_2 分别为 $p_1 = \frac{N_{12}}{N_{13}}$，$p_2 = \frac{N_{45}}{N_{13}}$，有时也把 p_1 称为"本级晶体管输出端对调谐回路的接入系数"，把 p_2 称为"下级对调谐回路的接入系数"。

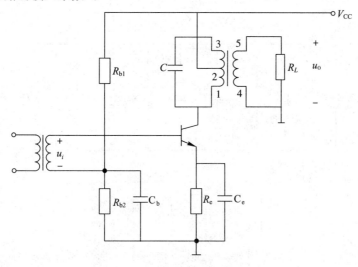

图 2-14　单调谐回路放大器原理图

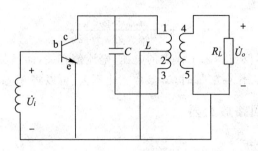

图 2-15　单调谐回路放大器交流通路

将电流源 $Y_{fe}\dot{U}_i$ 折算到谐振回路 1、3 两端为

$$(Y_{fe}\dot{U}_i)' = p_1 Y_{fe}\dot{U} \qquad (2-48)$$

将 Y_{oe} 折算到谐振回路 1、3 两端为

$$Y'_{oe} = p_1^2 Y_{oe} \qquad (2-49)$$

将 Y_L 折算到谐振回路 1、3 两端为

$$Y'_L = p_2 Y_L \qquad (2-50)$$

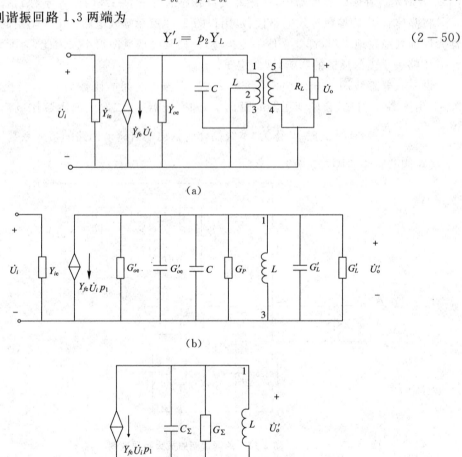

(a)

(b)

(c)

图 2-16　单调谐回路放大器的等效电路

由于 Y_{oe} 是输出导纳,可表示成式(2-51)

$$Y_{oe} = G_{oe} + C_{oe} \qquad (2-51)$$

将 Y_{oe} 折合之后得式(2-52)

$$Y'_{oe} = G'_{oe} + C'_{oe} \qquad (2-52)$$

将负载也表示成电导与电纳之和的形式

$$Y_L = G_L + C_L \qquad (2-53)$$

将 Y_{oe} 折合之后得式(2-54)

$$Y'_L = G'_L + C'_L \qquad (2-54)$$

由图 2-16(b)可得

$$C_\Sigma = C'_{oe} + C + C'_L \qquad (2-55)$$

$$G_\Sigma = G'_{oe} + G + G'_L \qquad (2-56)$$

这样可以把图 2-16(b)画成图 2-16(c)的形式。在图 2-16(b)中多了一项 G_p,它是谐振回路的空载电导,$G_p = 1/R_p$。将图中相同性质的原件进行合并,则得到图 2-16(c)所示的等效电路,由此可求得放大器等效回路的谐振频率、谐振角频率以及有载品质因数。

$$f_0 = \frac{1}{2\pi \sqrt{LC_\Sigma}} = \frac{1}{2\pi \sqrt{L(p_1^2 C_{oe} + C + p_2^2 C_L)}} \qquad (2-57)$$

$$\omega_0 = \frac{1}{\sqrt{LC_\Sigma}} = \frac{1}{\sqrt{L(p_1^2 C_{oe} + C + p_2^2 C_L)}} \qquad (2-58)$$

$$Q_L = \frac{1}{G_\Sigma \omega_0 L} = \frac{1}{(p_1^2 G_{oe} + G_p + p_2^2 G_L) \omega_0 L} \qquad (2-59)$$

由式(2-59)可知,晶体管的输出电容 C_{oe}、负载电容 C_L 会使谐振回路的谐振频率下降,此时应减小回路电容 C 或减小回路电感 L,使谐振频率恢复到原来的数值。而回路的有载品质因数 Q_L 为

$$Q_L = \frac{1}{G_e \omega_0 L} \qquad (2-60)$$

由于 $G_e > G_p$,所以 $Q_L < Q$。为了减小晶体管及负载对谐振回路的影响,除应选用 Y_{oe} 和 Y_{ie} 较小的晶体管外,还应选择较小的接入系数 p_1 和 p_2。

二、电压增益、选择性和通频带

$$\dot{A}_u = \frac{\dot{U}'_o p_2}{\dot{U}_i} = -\frac{p_1 p_2 Y_{fe} \dot{U}_i}{G_e \left(1 + jQ_L \dfrac{2\Delta f}{f_0}\right) \dot{U}_i} = -\frac{p_1 p_2 Y_{fe}}{G_e \left(1 + jQ_L \dfrac{2\Delta f}{f_0}\right)} \qquad (2-61)$$

当输入信号频率 $f = f_0$(即 $\Delta f = 0$ 时),放大器的电压增益用 $\dot{A}_{u0}$ 表示

$$\dot{A}_{u0} = -\frac{p_1 p_2 Y_{fe}}{G_e}$$

显然,单调谐放大器的选择性、通频带和矩形系数与单谐振回路相同,即在单调谐放大器中,提高选择性和加宽通频带对品质因数 Q_L 是相互矛盾的;谐振曲线的矩形系数远大于1。总之,单调谐放大器选择性比较差,这是其主要不足。

例 2-5　单调谐放大器电路如图 2-16(a)所示。设放大器的中心频率 $f_0 = 10.7$MHz,

$L = 4\mu H$，$Q = 100$，$N_{13} = 20$，$N_{12} = 5$，$N_{45} = 5$，$Y_L = G_L = 2\text{ms}$，$G_{oe} = 200\mu s$，$C_{oe} = 7\text{pF}$，$g_m = 45\text{ms}$，$r_{bb'}$ 近似为零。试求放大器的谐振电压增益、通频带及回路外接电容 C。

解： 谐振回路空载谐振电导为

$$G_p = \frac{1}{Q\omega_0 L} = \frac{1}{100 \times 2\pi \times 10.7 \times 10^6 \times 4 \times 10^{-6}} = 37\mu s$$

将晶体管的输出电导和负载电导折算到谐振回路的 1、3 两端，分别为

$$G'_{oe} = p_1^2 G_{oe} = \left(\frac{5}{20}\right)^2 \times 200 \times 10^{-6} = 12.5\mu s$$

$$G'_L = p_2^2 G_L = \left(\frac{5}{20}\right)^2 \times 2 \times 10^{-3} = 125\mu s$$

因此，谐振回路的有载谐振电导和有载品质因数分别为

$$G_e = G_p + G'_{oe} + G_L = (37 + 12.5 + 125)\mu s = 174.5\mu s$$

$$Q_L = \frac{1}{G_e \omega_0 L} = \frac{1}{174.5 \times 10^{-6} \times 2\pi \times 10.7 \times 10^6 \times 4 \times 10^{-6}} = 21$$

因此，放大器的增益为

$$A_{u0} \approx -\frac{p_1 p_2 g_m}{G_e} = -\frac{0.25 \times 0.25 \times 45 \times 10^{-3}}{174.5 \times 10^{-6}} = -16$$

放大器的通频带为

$$BW_{0.7} = \frac{f_0}{Q_L} = \frac{10.7 \times 10^6}{21} = 0.5\text{MHz}$$

由 $f_0 = \dfrac{1}{2\pi\sqrt{LC_\Sigma}}$ 可得

$$C_\Sigma = \frac{1}{(2\pi f_0)^2 L} = \frac{1}{(2\pi \times 10.7 \times 10^6)^2 \times 4 \times 10^{-6}} = 55\text{pF}$$

因此回路的外接电容为

$$C = C_\Sigma - C_{oe} = (55 - 7) = 48\text{pF}$$

三、多级调谐谐振放大器

若单调谐回路的增益不能满足要求，则可采用多级单调谐放大器进行级联。如各级单调谐回路的频率一致，称为"同步调谐"，反之则称为"参差调谐"。

1. 多级同步调谐放大器

若放大器由 n 级单调谐放大回路级联而成，且都谐振于同一频率上，每级的电压增益分别用 A_{u1}，A_{u2}，$\cdots$，A_{un} 表示，则总的电压增益可用式（2—62）表示。

$$A_{u\Sigma} = A_{u1} \cdot A_{u2} \cdots A_{un} \tag{2-62}$$

若以分贝的形式表示 n 级单调谐回路的谐振放大器，式（2—62）可采用式（2—63）表示。

$$\dot{A}_{u\Sigma}(\text{dB}) = \dot{A}_{u1}(\text{dB}) + \dot{A}_{u2}(\text{dB}) + + \dot{A}_{un}(\text{dB}) \tag{2-63}$$

图 2-17 为多级同步调谐放大器的幅频特性曲线。对于多级级联的谐振放大器，要保证总的通频带满足要求，即每级的通频带必须比总通频带宽。

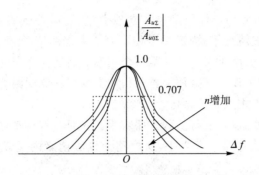

图 2-17　多级同步调谐放大器频率特性

在各级单调谐放大器完全相同的条件下,表 2-1 列出了多级单调谐放大器的带宽和矩形系数以供参考。

表 2-1　多级单调谐放大器的带宽和矩形系数

级数 n	1	2	3	4	5
BW_n/BW_1	1.0	0.64	0.51	0.43	0.39
$K_{r0.1}$	9.95	4.66	3.74	3.40	3.20

通过表 2-1 可知,随着级数的增加,放大器的电压增益增大,总通频带变窄,选择性变好,但是这种改善(选择性)是有限的,且会使放大器变的不稳定。

2. 多级参差调谐放大器

多级参差调谐放大器,就是各级的调谐回路和调谐频率都彼此不同。采用多级参差调谐放大器的目的是增加放大器总的带宽,同时又得到边沿陡峭的频率特性。

图 2-18 是采用单调谐回路和双调谐回路组成的多级参差调谐放大器的频率特性。由图可见,当两种回路采用不同的品质因数时,总的频率特性可有较宽的频带宽度,带内特性很平坦,带外又有较陡的特性。这种多级参差调谐放大器常用于带宽较宽的场合,如电视机的高频头常用到。

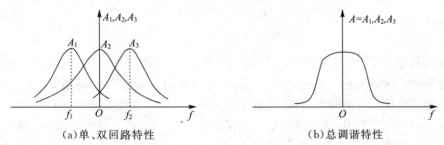

(a)单、双回路特性　　　　　　　　(b)总调谐特性

图 2-18　参差调谐放大器的频率特性

四、谐振放大器的稳定性

在前面针对谐振放大器的讨论中,都是假定晶体管的反向传输导纳 $Y_{re} = 0$,放大器输出端对输入端没有影响,晶体管是单向工作的。但实际上,晶体管集电极和基极之间存在结电容 $C_{b'c}$,$Y_{re} \neq 0$,其值虽然很小(只有几个皮法),但在高频工作时仍能使放大器输出和输入之间形成反馈通路(称为内反馈),而且随着工作频率的升高,影响增大。再加上谐振放大

器中 LC 谐振回路阻抗的大小及性质随频率剧烈变化,使得内反馈也随频率剧烈变化致使放大器工作不稳定。一般情况下,内反馈会使谐振放大器的增益频率特性曲线变形,增益、通频带和选择性发生变化,严重时反馈在某一个频率上满足自激条件,放大器将产生自激震荡,破坏了放大器的正常工作。谐振放大器工作频率越高,LC 回路有载品质因数越大(即谐振增益越大),放大器的工作就越不稳定。

为了提高放大器的稳定性,通常从两方面着手。一是从晶体管本身入手,尽量选用 $C_{b'c}$ (Y_{re}) 小的晶体管;二是从电路方面入手,从电路上设法消除内反馈的影响,使之单向化传输,具体有中和法和失配法。

1. 中和法

中和法是通过晶体管的输出端和输入端之间引入一个附加的外部反馈电路(中和电路)来抵消晶体管内部参数 Y_{re} 的反馈作用。由于 Y_{re} 的实部很小,可以忽略,所以常常只用一个中和电容 C_N 以抵消 $C_{b'c}$ (Y_{re} 的虚部)的影响,就可达到中和的目的。图 2-19 是利用中和电容 C_N 的中和电路。为了抵消 Y_{re} 的反馈,从集电极回路取一与输出电压反向的电压,通过 C_N 反馈到输入端。

由于用 $C_{b'c}$ 来表示晶体管的反馈只是一个近似,而且又只是在回路完全谐振的频率上才准确反相,因此采用图 2-19 的中和电路只能对某一个频率点起到完全中和的作用,对其他频率只能有部分中和作用。另外,如果再考虑到分布参数的作用和温度变化等因素的影响,则中和电路的效果是有限的。实际使用中,中和法一般用在一些收音机电路中。

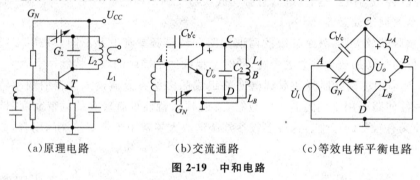

(a)原理电路   (b)交流通路   (c)等效电桥平衡电路

图 2-19 中和电路

2. 失配法

失配法是通过增大负载电导 Y_L ,使输出严重失配,输出电压减小。从而使内反馈减小。失配法是用牺牲增益来换取电路的稳定性,常采用共射－共基组合电路,如图 2-20 所示。由于共基电路的输入导纳较大,当它和输出导纳较小的共发电路连接时,相当于增大共发电路的负载导纳而使之失配,从而使共发晶体管内部反馈减弱,稳定性大大提高。共发电路在负载导纳很大的情况下,虽然电压增益减小,但电流增益仍很大,而共基电路虽然电流增益接近于 1,但电压增益较大,所以二者级联后,互相补偿,电压增益和电流增益均较大。

3. 晶体管的外部干扰及其消除方法

在实际电路中,放大器外部的寄生反馈,均是以电磁耦合的方式出现的。引起电磁干扰必然存在发射电磁干扰的源、能接收干扰的敏感装置及两者之间的耦合途径。由于频率高的缘故,干扰源与接收装置几乎是不可避免的。所以,关键是弄清耦合途径及如何去截干扰。

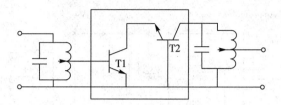

图 2-20　共射—共基电路

电磁干扰的耦合途径，主要有以下几种：

（1）电容性耦合：导线与导线之间，导线与器件之间，器件与器件之间均存在着分布电容。当工作频率到一定程度时，这些电容将会起作用，信号从后级耦合到前级。

（2）电感性耦合：导线与导线之间、导线与电感之间、电感与电感之间，除了分布电容外，在高频情况下，还存在互感。流经导线或电感的后级高频电流产生交变磁场，可以与前级回路交链，产生不必要的耦合。

（3）公共电阻耦合：当工作频率达到一定程度后，后级的高频信号可以通过电磁辐射耦合到前级。

另外，在电子设备中，接地是控制干扰的重要方法。如能将接地和屏蔽正确结合起来使用，可解决大部分干扰问题。

2.3.3　集成高频小信号调谐放大器

随着电子技术的发展，出现了越来越多的高频集成电路，由于它们的线路简单、性能稳定可靠、调整方便等优点，应用越来越广泛。

单片集成放大器 MC1350，带有自动增益控制功能，采用双端输入、双端输出，全差动式电路，主要用于中频和视频放大。图 2-21 是 MC1350 内部结构原理图，输入级为共射—共基差分对，Q1 和 Q2 组成共射差分对，Q3 和 Q6 组成共基差分对。除了 Q3 和 Q6 的射极等效输入阻抗为 Q1、Q2 的集电极负载外，还有 Q4、Q5 的射极输入阻抗分别与 Q3、Q6 的射极输入阻抗并联，起着分流的作用。各个等效微变输入阻抗分别与该基极的偏流成反比，增益控制电压（直流电压）控制 Q4、Q5 的基极，以改变 Q4、Q5 和 Q3、Q6 的工作点电流的相对大小，当增益控制电压增大时，Q4、Q5 的工作点电流增大，射极等效输入阻抗下降，分流作用增大，放大器的增益减小。

图 2-22 是由 MC1350 构成的集成电路谐振放大器，4、6 引脚是双端输入端，输入信号 u_i 通过耦合电容加到 4 端，6 端通过隔直电容交流接地，构成单端输入，C_1、C_2 和 L_1 构成输入选频回路。1、8 引脚是双端输出端，L_2 和 C_3 构成输出选频回路，经变压器耦合输出。2 脚接电源，3、7 引脚接地，5 脚是自动增益端。回路 C_1、C_2、L_1 及 L_2 和 C_3 均调谐在信号的中心频率上。

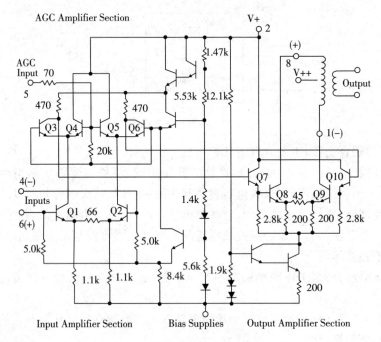

图 2-21 MC1350 电路原理图

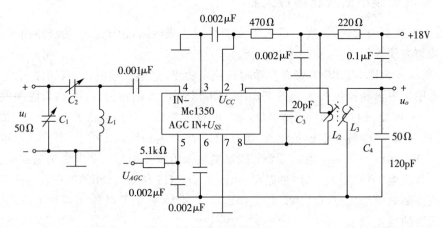

图 2-22 集成电路谐振放大器

2.3.4 集中选频放大器

集中选频放大器主要由集成宽带放大器和集中选频滤波器组成,集成宽带放大器由多级差分电路组成,常用的集中选频滤波器有石英晶体滤波器、陶瓷滤波器和声表面滤波器等。

一、陶瓷滤波器

陶瓷滤波器是由锆钛酸铅陶瓷材料制成的,如果把这种陶瓷材料制成片状,并且两面涂银作为电极,经过直流高压极化后就具有压电效应。压电效应就是指当陶瓷片发生机械变形时,例如拉伸或压缩,它的表面就会出现电荷,两极间产生电压;而当陶瓷片两级加上电压时,它就会产生伸长或压缩的机械变形。这种材料和其他弹性体一样,存在着固有振动频率,当固有振动频率与外加信号频率相同时,由于压电效应陶瓷片产生谐振,这时机械振动的幅度最大,相应的陶瓷片表面上产生电荷量的变化也最大,因而外电路中的电流也最大。这表明压电陶瓷片具有串联谐振的特性。

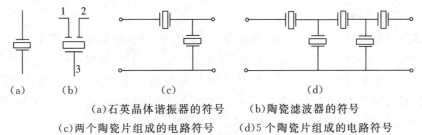

(a)　　(b)　　(c)　　　　　(d)

(a)石英晶体谐振器的符号　　(b)陶瓷滤波器的符号
(c)两个陶瓷片组成的电路符号　　(d)5 个陶瓷片组成的电路符号

图 2-23　陶瓷滤波器

若将不同频率的压电陶瓷片进行适当的组合连接,就可以构成四端陶瓷滤波器。陶瓷片的品质因数比一般 LC 回路的品质因数高,若各陶瓷片的串并联谐振频率配置得当,四端陶瓷滤波器可以获得接近矩形的幅频特性。

在使用四端陶瓷滤波器时,应注意输入、输出阻抗与信号源、负载阻抗相互匹配,否则其幅频特性将会改变,导致通带内的响应起伏变大,阻带衰减值变小。

陶瓷滤波器的工作频率可以从几百千赫兹到几十兆赫兹,它具有体积小、成本低、受外界影响小等优点;其缺点是频率特性曲线较难控制,生产一致性较差,同频带往往也不宽。采用石英晶体作为滤波器可取得较好的频率特性,其等效品质因数比陶瓷片高得多,但石英晶体滤波器价格较高。

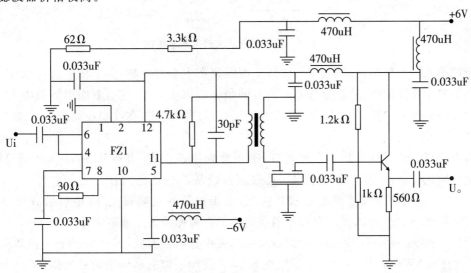

图 2-24　陶瓷滤波器选频放大器

图 2-24 所示为采用集成宽带放大器和陶瓷滤波器组成的选频放大器。FZ1 为采用共射—共基组合电路构成的基础宽带放大器。为了使陶瓷滤波器的频率特性不受外电路参数的影响,使用时一般都要求接入规定的信号源阻抗和负载阻抗,以实现阻抗匹配。为此,陶

瓷滤波器的输入端采用变压器耦合的并联谐振回路,输出端接有晶体管构成的射极输出器。其中并联谐振回路调谐在陶瓷滤波器频率特性的主谐振频率上,用来消除陶瓷滤波器通频带以外出现的谐波,这种带外谐波会对邻近频道产生强信号的干扰。图中并联在谐振回路上的 4.7kΩ 电阻是用来展宽 LC 谐振回路通频带的。

二、声表面波滤波器

声表面滤波器具有体积小、重量轻、性能稳定、工作频率高、通频带宽、特性一致性好、抗辐射能力强、动态范围大等特点,因此它在通信、电视、卫星和航空领域得到广泛的应用。

声表面波滤波器是一种利用沿弹性固体表面传播机械振动的器件。所谓声表面波,是在压电固体材料表面产生和传播且振幅随固体材料的深度增加而迅速减小的弹性波。它有两个特点:一是能量密度高,其中 90% 的能量集中于厚度等于一个波长的表面层中;二是传播速度慢,在多数情况下,传播速度为 3000～5000m/s。

图 2-25 是声表面波滤波器的基本结构,它以铌酸锂、锆钛酸铅和石英等压电材料为基片,利用真空蒸镀法,在基片表面形成叉指形的金属膜电极,称为"叉指电极"。左端叉指电极为发端换能器,右端叉指电极为收端换能器。

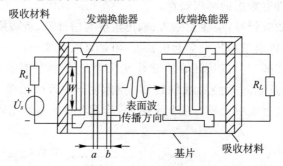

图 2-25 声表面波滤波器的基本结构

当把输入信号加到发端换能器上时,叉指间便产生交变电场,由于压电效应的作用,基片表面将产生弹性形变,激发出与输入信号同频率的声表面波,它沿着图中箭头方向,从发端沿基片向接收端传播,到达接收端后,由于压电效应的作用,在收端换能器的叉指对间产生信号,并传送给负载。

声表面波滤波器具有如下主要特性:①工作频率范围宽,可以从 10～1×10⁴MHz;②相对带宽比较宽,一般的横向滤波器其带宽可以从百分之几到百分之几十(大的可以到 40%～50%);③便于器件微型化和片式化;④带内插入衰减较大;⑤矩形系数可以做到 1.1～2甚至更小。图 2-26 是一种用于通信机中的声表面波滤波器传输特性。

图 2-27 所示为采用声表面波滤波器构成的集中选频放大器,图中 SAWF 为声表面被滤波器。由于 SAWF 插入损耗较大,所以在 SAWF 前加一级由晶体管构成的预中放电路,其输入端电感 L_1 与分布电容并联谐振于中心频率上。SAWF 输入、输出端并有匹配电感 L_2、L_3,用来抵消声表面波滤波器输入、输出端分布电容的影响,以实现良好的阻抗匹配。经过 SAWF 滤波的信号加至集成宽带主中放的输入端。图中 C_1、C_2、C_3 均为交流耦合电容,R_2、C_4 为电源去耦合滤波电路。

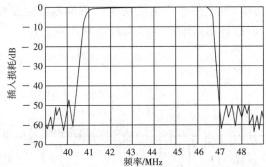

图 2-26　一种用于通信机中的声表面波滤波器传输特性

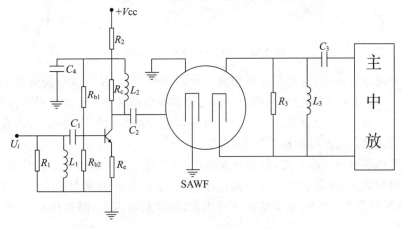

图 2-27　声表面波滤波器选频放大器

2.4　电子噪声

通常电子设备的性能在很大程度上与干扰和噪声有关。例如,接收机的理论灵敏度可以非常高,但是考虑了噪声以后,实际灵敏度就不可能做得很高。在通信系统中,提高接收机的灵敏度比增加发射机的功率更为有效。在其他电子设备中,其工作的准确性、灵敏度等也与噪声有较大关系。由于各种干扰的存在,大大影响了接收机的工作。因此,研究各种干扰和噪声的特性,及降低干扰和噪声的方法,是十分必要的。

干扰一般指外部干扰,可分为自然的和人为的。噪声通常指内部噪声,主要来源有电阻热噪声和晶体管的噪声等。本小节着重研究噪声的计算方法。

2.4.1　噪声的主要来源

一、电阻热噪声

通常导体和电阻中存在着大量的自由电子,这些自由电子不停地在做无规则的热运动,且温度越高,运动就越剧烈。大量电子的无规则运动就会产生感应电流,因此在电阻内就形成了无规则的电流,这就是电阻的噪声电流。在一足够长的时间内,电阻的噪声电流平均值等于零,而瞬时值会在平均值上上下起伏,如图 2-28 所示。该电流流经电阻时,电阻两端就会产生噪声电压和噪声功率,所产生噪声电压的平均值为零。但是电子作热运动要消耗功率,因此,当温度一定时,由这种热运动产生的噪声功率是一定的。

图 2-28　电阻热噪声电压波形图

实验和理论分析证明,电阻热噪声作为一种起伏噪声,它具有极宽的频谱,从零频一直延伸到 $10^{13} \sim 10^{14}\,\mathrm{Hz}$ 以上的频率,而且它的各个频率分量的强度是相等的。这种频谱和光学中白色的光谱类似,因为后者为一个包括所有可见光谱的均匀连续光谱,由此,人们就把这种具有均匀连续频谱的噪声称为"白噪声"。

尽管电阻的热噪声频谱很宽,但在放大器中,只有位于放大器通频带内的那一部分噪声才能通过或得到放大,所以电阻的噪声是很小的,只有放大器的放大量很大,有用信号又很小时,它才有可能称为影响信号质量的重要因素,而且频带越宽、温度越高、阻值越大,产生的噪声也就越大。

1. 电阻热噪声等效电路

噪声电压 $u_n(t)$ 是随机变化的,无法确切地写出它的数学表示式,大量的实践和理论分析表明可以用概率特性和功率谱密度来描述。在较长时间里,噪声电压 $u_n(t)$ 的统计平均值为零,但是,假如 $u_n(t)$ 平方后再取其平均值,就具有一定的数值,称其为"噪声电压的均方值",即

$$\overline{u_n^2} = \lim \frac{1}{T} \int_0^T u_n^2(t)\mathrm{d}t \qquad (2-64)$$

电压平方可以看成是这个电压在 1Ω 电阻上消耗的功率,而单位频带内的功率称为"功率谱密度 $S(f)$"。理论和实践都表明,电阻 R 产生的热噪声功率谱密度为

$$S(f) = 4kTR \quad \mathrm{W/Hz} \qquad (2-65)$$

式中,k 为玻尔兹曼常数,$k = 1.38 \times 10^{-23}\,\mathrm{J/K}$;$T$ 为热力学温度值,K 表示环境温度。当环境摄氏温度为 $t(℃)$ 时,$T(K) = t(℃) + 273$。

因功率谱密度表示单位频带内的噪声电压均方值,故噪声电压的均方值为

$$\overline{u_n^2} = 4kTRB \qquad (2-66)$$

式(2-66)中,B 为测量此噪声电压时的带宽,单位为 Hz。由于电阻热噪声具有均匀的连续频谱,因此这一带宽应理解为理想矩形带宽。

式(2-66)是计算电阻热噪声的一个基本公式。由式可见,噪声电压的均方值与热力学温度 T 成正比,温度越高,导体内自由电子的热运动越剧烈,噪声电压就越大。此外,热噪声电压均方值与电路的频带 B 成正比,因此在保证有用信号能够无失真通过的条件下,电路的

通频带应尽可能窄一些。

为了便于对电流源的噪声进行分析,实用电阻可用一个理想无噪声电阻和一个均方值为 $\overline{u_n^2}$ 的噪声电压源串联的电路来等效,如图 2-29 所示。

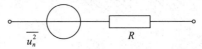

图 2-29　电阻热噪声电源等效电路

2. 串并联电阻噪声的计算

由于电阻热噪声为一随机噪声,不同电阻产生的热噪声是统计独立的,故电阻串联后,其总噪声可按功率叠加的原则求出。当多个电阻串联时,总噪声电压的均方值等于各个电阻所产生的噪声电压均方值之和,当多个电阻并联时,总噪声电流的均方值等于各个电导所产生的噪声电流均方值之和。

设有 $R_1, R_2, \cdots, R_n$ 进行串联,$\overline{u_{n1}^2}, \overline{u_{n2}^2}, \cdots, \overline{u_{mn}^2}$ 分别为其对应的噪声电压均方值,若 T 和 B 相同,则总的噪声电压均方值为

$$\overline{u_n^2} = \overline{u_{n1}^2} + \overline{u_{n2}^2} ++ \overline{u_{mn}^2} = 4kTB(R_1 + R_2 + R_n) \tag{2-67}$$

同理,若有 $R_1, R_2, \cdots, R_n$ 进行并联,$\overline{u_{n1}^2}, \overline{u_{n2}^2}, \cdots, \overline{u_{mn}^2}$ 分别为其对应的噪声电压均方值,若 T 和 B 相同,总的噪声电压均方值为

$$\overline{u_n^2} = 4kTB(R_1 \parallel R_2 \parallel \cdots \parallel R_n) = 4kTBR \tag{2-68}$$

3. 等效噪声带宽

电阻热噪声是均匀的白噪声,它通过线性带通网络后,其功率谱密度将变为频率的函数如图 2-30 所示。设输入线性带通网络的热噪声功率谱密度为 $S_i(t)$;线性带通网络的电压传输系数为 $A(f)$,则其功率传输系数为 $A^2(f)$ 。此时线性网络输出端噪声功率谱密度变为

$$S_o(f) = A^2(f)S_i(f) \tag{2-69}$$

因此可以画出 $S_o(f)$ 的曲线。可见输出噪声功率谱密度不再是频谱均匀的,而是随频率变化的函数。这时设线性带通网络输出端噪声电压均方值为 $\overline{u_{no}^2}$,应由 $S_o(f)$ 积分求得,即

$$\overline{u_{no}^2} = \int_0^\infty S_o(f)\mathrm{d}f = S_i(f)\int_0^\infty A^2(f)\mathrm{d}f \tag{2-70}$$

等效噪声带宽是按噪声功率相等来等效的。在功率相等的条件下,可得:

$$\int_0^\infty S_o(f)\mathrm{d}f = S_o(f_0)B_n \tag{2-71}$$

$$B_n = \frac{\int_0^\infty A^2(f)\mathrm{d}f}{A^2(f_0)} \tag{2-72}$$

$$\overline{u_{no}^2} = S_i(f)A^2(f_0)B_n = 4kTRA^2(f_0)B_n \tag{2-73}$$

由式(2-73)可看出,B_n 越大,则输出噪声也越大,因此,工程设计中应尽可能减小电路的等效噪声带宽。

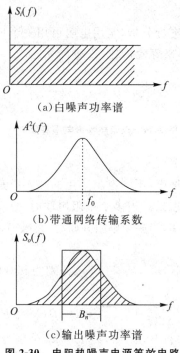

(a)白噪声功率谱

(b)带通网络传输系数

(c)输出噪声功率谱

图 2-30　电阻热噪声电源等效电路

必须指出,线性网络的等效噪声带宽 B_n 与信号 3dB 带宽 $BW_{0.7}$ 是不同的两个概念。B_n 是从噪声的角度引出来的,而 $BW_{0.7}$ 是对信号而言的,但两者之间有一定的关系。例如单调谐并联谐振回路,$B_n = (\pi/2)BW_{0.7}$。当谐振回路的谐振曲线越接近矩形,则 B_n 越接近于 $BW_{0.7}$。

二、晶体管的噪声

晶体管的噪声主要有热噪声、散粒噪声、分配噪声和 $1/f$ 噪声(闪烁噪声)。其中热噪声和散粒噪声为白噪声,其余一般为有色噪声。

1. 热噪声

在晶体三极管中,由于电子无规则的热运动同样会产生热噪声,主要存在与基极电阻 $r_{bb'}$ 内,而发射极和集电极的电阻一般很小,可以忽略。

2. 散粒噪声

在晶体管的 PN 结中(包含二极管的 PN 结),由于载流子随机起伏流动而产生的噪声称为"散粒噪声"。散粒噪声具体表现为结电流围绕 I_0 上下起伏,主要有发射极电流以及集电极电流的起伏现象。这种噪声也存在于电子管、光电管之类的器件中,是一种普遍的物理现象。由于载流子的运动是随机的,和电阻热噪声类似,也具有平坦的噪声功率谱,同属于白噪声。

3. 分配噪声

晶体管中通过发射结的少数载流子,大部分由集电极收集,形成集电极电流,少部分载流子被基极流入的载流子复合,产生基极电流。由于基区中载流子的复合同样具有随机性,即单位时间内复合的载流子数目是起伏变换的,因此,集电极电流和基极电流的分配比例也是变化的。这种因分配比的起伏变化而导致的电流起伏噪声,称为晶体管的"分配噪声"。

4. $1/f$ 噪声（闪烁噪声）

由于半导体材料及制造工艺水平造成表面处理不好而引起的噪声称为"$1/f$ 噪声（闪烁噪声）。$1/f$"噪声的噪声频谱与 f 近似成反比。在实践应用中,高频电路通常不考虑该噪声的影响。

2.4.2　电子噪声的计算

研究噪声的目的在于如何减少它对信号的影响,本节主要讲解噪声的常用计算方法,而噪声系数和噪声温度常用作衡量噪声的指标。

一、噪声系数

1.噪声系数的定义

研究噪声的真正意义在于如何减少噪声对有用信号的影响。从噪声对信号影响的效果看,不在于噪声电平绝对值的大小,而在于信号与噪声的相对大小,因此,在电路中常用同一端口信号功率 P_s 与噪声功率 P_n 之比来衡量噪声的影响程度,称为"信噪比",用表示 P_s/P_n,其值越大,噪声的影响就越小。

当信号通过放大器后,由于放大器本身将会产生新的噪声,其输出端的信噪比必然小于输入端的信噪比,使输出端的信号质量变差。由此可见,通过输出端信噪比与输入端的信噪比的对比变化,可以明确反映放大器的噪声性能,因此引入噪声系数这一指标。它定义为输入端的信噪比 $(P_s/P_n)_i$ 与输出端的信噪比 $(P_s/P_n)_o$ 的比值,用 N_F 表示;即

$$N_F = \frac{(P_s/P_n)_i}{(P_s/P_n)_o} = \frac{P_{si}/P_{ni}}{P_{so}/P_{no}} \qquad (2-74)$$

用分贝表示

$$N_F(\text{dB}) = 10\lg \frac{P_{si}/P_{ni}}{P_{so}/P_{no}} \qquad (2-75)$$

式(2-75)中,P_{si} 和 P_{ni} 分别为放大器输入端的信号功率和噪声功率,P_{so} 和 P_{no} 分别为放大器输出端信号功率和噪声功率。

噪声系数 N_F 说明信号从放大器的输入端传到输出端时,信噪比下降的程度,所以实用放大器的 N_F 总是大于 1,只有理想无噪放大器的噪声系数才有可能为 1（即 0dB）。必须指出,噪声系数只适用于线性电路,由于非线性电路中信号与噪声、噪声与噪声之间会相互作用,使输出端的信噪比更加恶化,因此,噪声系数对非线性电路不适用。

实际上,线性放大器输出端噪声功率 P_{no} 由两部分组成,一部分是输入端噪声通过放大器后在输出端产生的噪声功率,另一部分是线性放大器本身产生的噪声在输出端呈现的噪声功率。当放大器的功率增益 $A_P = P_{so}/P_{si}$ 时,则有

$$P_{no} = A_P P_{ni} + P_{nA} \qquad (2-76)$$

式(2-76)中,P_{nA} 为输出端放大器本身产生的噪声功率。

因此,放大器的噪声系数可写成

$$N_F = \frac{P_{si}}{P_{so}} \cdot \frac{P_{no}}{P_{ni}} = \frac{P_{no}}{A_P P_{ni}} = 1 + \frac{P_{nA}}{A_P P_{ni}} \qquad (2-77)$$

式(2-77)表明,放大器的噪声系数与放大器内部噪声、输入噪声功率及放大器功率增益有关,而与输入信号的大小无关。

例2-6 已知某接收机的噪声系数 $N_F = 6$ ，输出信号功率 $P_{so} = 300\mu\mathrm{W}$ ，噪声功率 $P_{no} = 15\mathrm{pW}$ ，试求输入信号信噪比。

解： 输出端的信噪比为

$$\frac{P_{so}}{P_{no}} = \frac{300 \times 10^{-6}}{15 \times 10^{-12}} = 20 \times 10^6 (73\mathrm{dB})$$

输入信号的信噪比为

$$\frac{P_{si}}{P_{ni}} = \frac{P_{so}}{P_{no}} \times N_F = 20 \times 10^6 \times 6 = 1.2 \times 10^8 (81\mathrm{dB})$$

2. 用额定功率和额定功率增益表示噪声系数

在线性放大器的输入端，由于信号源电压 u_s 与其内阻 R_s 产生的噪声电压源相串联，如图2-31所示，因此放大器输入端的信噪比与放大区的输入阻抗大小无关，同理，输出端的信噪比也与负载电阻无关。因此，可以令放大器的输入端和输出端阻抗匹配，即 $R_s = R_i$ ，$R_o = R_L$ 时对放大器噪声系数的计算和测量就比较方便。此时放大器输入噪声功率和信号功率均为最大，分别用 P_{nim} 和 P_{sim} 表示，输出端噪声功率和信号功率也均为最大，分别用 P_{nom} 和 P_{som} 表示，称为"额定功率"。放大器的功率增益称为"额定功率增益"，用 A_{pm} 表示，$A_{pm} = P_{som} / P_{sim}$ 。

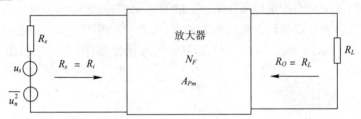

图2-31 额定功率和额定功率增益表示噪声系数

根据噪声系数的定义，分子分母都是同一端点上的功率比，因此，将实际功率改为额定功率，并不改变噪声系数的定义，放大器的噪声系数 N_F 可表示为

$$N_F = \frac{P_{sim}}{P_{som}} \cdot \frac{P_{nom}}{P_{nim}} = \frac{P_{nom}}{A_{pm}P_{nim}} = 1 + \frac{P_{nAm}}{A_{pm}P_{nim}} \qquad (2-78)$$

放大器输入额定噪声功率为

$$P_{nim} = \frac{\overline{u_n^2}}{4R_s} = \frac{4kTR_sB_n}{4R_s} = kTB_n \qquad (2-79)$$

将式(2-78)带入式(2-78)可得

$$N_F = \frac{P_{nom}}{A_{Pm}kTB_n} = 1 + \frac{P_{nAm}}{A_{Pm}kTB_n} \qquad (2-80)$$

3. 多级放大器的噪声系数

设两级放大器如图2-32所示，它们的噪声系数和额定功率增益分别为 N_{F1} 、N_{F2} 和 A_{pm1} 、A_{pm2} ，两级总的额定功率增益为 $A_{pm} = A_{pm1}A_{pm2}$ ，每级内部噪声在输出端产生的额定噪声功率分别为 P_{nAm1} 、P_{nAm2} ，等效噪声带宽仍为 B_n ，两级总的输出额定噪声功率分别为 P_{nom} ，它由三部分组成：①信号源内阻热噪声经两级放大后在输出端产生的额定噪声功率，它等于 $A_{pm1}A_{pm2}kTB_n$ ；②第一级内部噪声 P_{nAm} 经第二级放大后在输出端产生的额定噪声功率，它等于 $A_{pm2}A_{nAm1}$ ；③第二级内部噪声在输出端产生的额定噪声功率，它等于

P_{nAm2}，所以

$$P_{nom} = A_{pm1}A_{pm2}kTB_n + A_{pm2}P_{nAm1} + P_{nAm2} \tag{2-81}$$

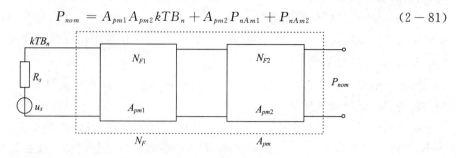

图 2-32　两级放大器的总噪声系数

根据噪声系数关系式可得：

$$\left.\begin{aligned} P_{nAm1} &= (N_{F1} - 1)A_{pm1}kTB_n \\ P_{nAm2} &= (N_{F2} - 1)A_{pm2}kTB_n \end{aligned}\right\} \tag{2-82}$$

由此可以求得两级放大器总的噪声系数 N_F 为

$$N_F = \frac{P_{nom}}{A_{Pm}kTB_n} = \frac{A_{Pm}kTB_n + A_{Pm}(N_{F1} - 1)kTB_n + A_{Pm}(N_{F2} - 1)kTB_n}{A_{Pm}kTB_n}$$

$$= N_{F1} + \frac{N_{F2} - 1}{A_{Pm1}} \tag{2-83}$$

不难求出多级放大器的总噪声系数计算公式为

$$N_F = N_{F1} + \frac{N_{F2} - 1}{A_{Pm1}} + \frac{N_{F3} - 1}{A_{Pm1}A_{Pm2}} + \cdots + \frac{N_{Fn} - 1}{A_{Pm1}A_{Pm2}A_{Pm(n-1)}} \tag{2-84}$$

式(2-84)说明各级放大器的噪声系数主要由前级的噪声系数所确定,前级噪声系数越小,额定功率增益越高,则各级放大器的噪声系数就越小。

例 2-7　图 2-32 所示的两级放大器中 $N_{F1} = 4\text{dB}$, $N_{F2} = 6\text{dB}$, $A_{pm1} = 10\text{dB}$, $A_{pm2} = 8\text{dB}$,试求总噪声系数。

解:　将噪声系数和功率增益分贝数转换成倍数值,有

$N_{F1} = 10^{0.4} = 2.5$, 　　　　　$N_{F2} = 10^{0.6} = 3.98$

$A_{pm1} = 10$, 　　　　　$A_{pm2} = 10^{0.8} = 6.3$

根据式(2-84)可算出总噪声系数为

$$N_F = N_{F1} + \frac{N_{F2} - 1}{A_{Pm1}} = 2.5 + \frac{3.98 - 1}{10} = 2.8$$

二、噪声温度

放大器的噪声性能也可用噪声温度来表示,把放大器的内部噪声折算到输入端,看成由温度 T_e 的信号源内阻 R_s 所产生,则 T_e 就称为该放大器的噪声温度。如果放大器的额定功率增益为 A_{pm} ,则放大器内部噪声在输出端呈现的额定噪声功率 P_{nAm} 可表示为:

$$P_{nAm} = A_{pm}kT_eB_n \tag{2-85}$$

$$N_F = 1 + \frac{T_e}{T} \text{ 或 } T_e = (N_F - 1)T \tag{2-86}$$

式(2-86)中,T 为室温, $T = 290\text{K}$ 。

式(2-86)表明,对理想的无噪声放大器,由于 $N_F = 1$,则其噪声温度 $T_e = 0$, N_F 越

大,电路的噪声温度越大。噪声温度和噪声系数都能用来表达电路的噪声性能,两者没有本质的区别。通常,当电路和内部噪声较大时,采用噪声系数比较方便,但当内部噪声较小时,噪声系数难以准确描述比较放大器的噪声性能,此时采用噪声温度较为合适。

三、接收机的灵敏度

噪声系数除了用来衡量线性放大电路的噪声性能外,还可用来估计接收机接收微弱信号的能力,称为"接收灵敏度"。

接收机的灵敏度是指在保证必要的信噪比条件下,接收机输入端所需的最小有用信号功率,该信号功率越低,则接收灵敏度越高,表示接收微弱信号的能力越强。

根据前面噪声系数的定义,可推导出接收机所需最小有用信号功率,即接受灵敏度为

$$P_{si(\min)} = \frac{P_{so}}{P_{no}} N_F P_{ni} \tag{2-87}$$

在接收机输入电阻与信号源内阻相等匹配时,$P_{ni} = kTB_n$,所以有

$$P_{si(\min)} = \left(\frac{P_{so}}{P_{no}}\right) N_F k T B_n \tag{2-88}$$

式(2-88)中,P_{so}/P_{no} 为接收机输出端允许的最小信噪比。B_n 为接收机噪声带宽,可以用接收通道带宽计算。

根据式(2-88)可知,要提高接收机灵敏度,就必须降低噪声系数 N_F,且减小通道带宽。

除了用输入信号的功率表示接收机的灵敏度,还可以用输入信号的电压幅值来表示。

$$U_i = \sqrt{4R_i P_{si}} = 2\sqrt{R_i \left(\frac{P_{so}}{P_{no}}\right) N_F k T B_n}\,(\text{V}) \tag{2-89}$$

上式中 R_i 是输入电阻。

例 2-8 某一接收系统输入阻抗 50Ω,噪声系数为 6dB,通频带为 500kHz,若给定输出信号的信噪比为 2dB,设室温为 290K,试求接收机的最小有用信号功率和电压各位多少?

解:由于 $N_F = 6\text{dB}$,所以 $N_F = 10^{0.6} = 3.98$

又因 $10\lg\frac{P_{so}}{P_{no}} = 2\text{dB}$,所以 $\frac{P_{so}}{P_{no}} = 10^{0.2} = 1.58$

接收机最小有用信号功率为

$$P_{si(\min)} = 1.58 \times 3.98 \times 1.38 \times 10^{-23} \times 290 \times 0.5 \times 10^6 \text{W} = 1.26 \times 10^{-14}\text{W}$$

用匹配负载 1mW 为零电平分贝值 dBm 表示,则有

$$P_{si(\min)} = 10\lg(1.26 \times 10^{-11})\text{dBm} = -90\text{dBm}$$

接收机最小有用信号电压幅度为

$$U_{i(\min)} = 2 \times \sqrt{50 \times 1.26 \times 10^{-14}}\,V = 1.59\mu\text{V}$$

需要说明,实际上并不是灵敏度越高越好,因为接收机灵敏度越高,接收机的噪声系数就需要越低,这就需要大量的低噪声器件或电路,不仅增加了成本,而且外部干扰的影响也会增大,从而影响接收机对有用信号的接收。这种用噪声系数来定义的接收机灵敏度只能说明接收机内部噪声大小的程度,没有考虑外部干扰,因此是不充分和不全面的。比如在短波波段,外部干扰一般都大于内部噪声,短波单边带接收机的噪声系数的典型值为 $7\sim10\text{dB}$。反过来,要是想提高接收机的灵敏度,需要提高接收机的增益,但是并不是无限提高

接收机的增益就可以提高接收机的灵敏度,因为接收机内部及接收天线还存在噪声。

2.4.3　低噪放大器

一、低噪放大器

低噪放大器主要用于微弱信号的放大,对于低噪放大器的主要要求是:

1. 噪声系数小

由于低噪放大器位于接收机的最前端,位于天线与混频电路之间,根据系统总噪声系数的关系式可知,第一级噪声系数对系统噪声影响最大,要求系统的噪声系数,必须降低第一级的噪声系数。因此要求低噪放大器的噪声系数越小越好。

2. 功率增益

增益提高可以克服后级电路的噪声,但增益不能太高,否则当信号输入混频器会产生非线性失真。

3. 动态范围

动态范围是指接收机在保证输出信号质量的情况下,最大和最小输入电平的范围。由于接收机接收信号的多径衰落和各种强干扰信号的影响,要求低噪放大器有足够大的线性范围。

4. 与信号源的匹配

低噪放大器与信号源应尽量做到阻抗匹配和噪声匹配。阻抗匹配的目的是为了获得最大的传输功率,减小由于不匹配而引起能量反射,噪声匹配是为了获得最小的噪声系数。由于低噪放大器处于接收机的前端,噪声性能是主要的,因此,通常以噪声匹配为主,同时尽量做到接近阻抗匹配。

二、降低噪声系数措施

1. 选用低噪器件

放大电路中,电子器件的内部噪声系数影响很大,低噪放大器中应尽量选择低噪半导体器件。对于信号源内阻高的场合,选用场效应管,往往效果比较好,电路中的电阻器宜选用金属膜电阻。

2. 选择合适的晶体管静态工作点

因为晶体管放大器的噪声系数与晶体管的直流工作点有较大的关系,合理设计直流工作点,有助于降低晶体管的噪声。

3. 选择合适的信号源内阻

放大器的噪声系数与信号源内阻有关,当信号源内阻为某一最佳值时,N_F 可达到最小值。同时兼顾阻抗匹配尽量取得最大功率增益。在较低频率工作时,常采用共发射级电路作为输入级,而在较高频率工作时常采用共基电路作为输入级,为了兼顾低噪、高增益和工作稳定性方面的要求,低噪放大器可采用共射－共基组合放大电路。

4. 适合的工作带宽

噪声电压与工作带宽有关,放大器带宽增大时内部噪声也增大,因此必须选择合适的工作带宽,使之满足通过时刚好不产生失真为宜,即带宽不宜过窄或过宽。

5. 降低放大器的工作温度

电子热噪声是内部噪声的主要来源之一,对灵敏度要求特别高的接收机,低噪放大器可采用降低放大器工作温度的方式来补偿。

本章小结

1. LC 谐振回路具有选频作用。当回路并联谐振时，回路阻抗为电阻且为最大，可获得最大电压输出；当回路失谐时，回路阻抗迅速下降，输出电压减小。回路的品质因数越高，回路谐振曲线越尖锐，选择性越好，但通频带越窄。

当 LC 并联谐振回路谐振时，相移为零，当 $\omega < \omega_0$ 时，回路成感性，相移为正值，最大值趋于 $90°$；当 $\omega > \omega_0$ 时，回路呈容性，相移为负值，最大负值趋于 $-90°$。

信号源、负载不仅会使回路的有载品质因数下降，选择性变坏，而且还会使回路谐振频率产生偏移。为了减小信号源和负载对回路的影响，常采用变压器、电感分压器和电容分压器的阻抗变换电路。

2. 小信号谐振放大器由放大器件及 LC 谐振回路组成，它具有选频放大作用。由于输入信号很小，因此工作在甲类状态，可采用 Y 参数等效电路进行分析。小信号谐振放大器主要技术指标有谐振增益、选择性和通频带。通频带与选择性是相互制约的，用以综合说明通频带和选择性的参数是矩形系数，矩形系数越接近 1 越好。

单调谐放大器性能与谐振回路的特性有密切关系。回路的品质因数越高，放大器的谐振增益就越大，选择性越好，但通频带会变窄。在满足通频带的前提下，应尽量使回路的有载品质因数增大。不过，单调谐放大器的矩形系数 $K_{r0.1} \approx 10$ 比 1 大得多，故其选择性还是比较差的。另外，由于晶体管寄生电容的影响以及不可避免的外部寄生反馈，再加上谐振回路阻抗性质随频率剧烈变化，会使谐振放大器工作不稳定，因此应采取一定的措施来保证放大器工作的稳定性，例如不追求获得最大的放大量、采用中和电路和共射－共基组合电路等。

3. 集中选频放大器主要由集成宽带放大器、集中选频滤波器构成，具有接近理想矩形的幅频特性，其性能稳定可靠，调整方便，因此获得了广泛应用。

4. 放大器内部存在着噪声，它将影响放大器对微弱信号的放大能力。放大器内部噪声主要是电阻热噪声。放大器的噪声通常用噪声系数来评价，它定义为放大器输入端信噪比与输出端信噪比的比值，噪声系数越接近于 1 越好，噪声系数可用额定功率和额定功率增益表示，以便于计算和测量。噪声温度也是衡量放大器性能的一个重要指标。

在通信系统中，接收机的灵敏度与噪声有关。在保证必要输出信噪比的条件下，接收机输入端所需的最小有用信号功率，称为接收机灵敏度。为了改善通信质量，提高接收机的灵敏度有时比增加发射机的功率可能更为有效，所以在接收机的前端需采用低噪声放大器，用以提高接收机的灵敏度。

习题 2

2-1 比较分析 LC 串联和并联谐振回路的频率特性特性,简述品质因数 Q 和带宽 BW 的关系,谐振回路的品质因数 Q 是否越大越好,为什么?

2-2 简述带宽的基本概念,如何计算 LC 谐振回路的带宽和矩形系数?

2-3 简述信号源及负载对谐振回路的影响,如何降低它对谐振回路的影响?

2-4 并联谐振回路的品质因数是否越大越好?说明如何选择并联谐振回路的有载品质因数 Q_L 的大小。

2-5 小信号谐振放大器的主要技术指标有哪些?造成调谐放大器工作不稳定的因素是什么?如何提高放大器的稳定性?

2-6 在同步调谐的多级单谐振回路放大器中,当级数 n 增加时,放大器的选择性和通频带如何变化?

2-8 集中选频放大器主要有哪些?它有什么优点?

2-9 说明陶瓷滤波器和声表面波滤波器的工作特点。

2-10 放大器内部的噪声主要有哪些,它对放大器性能有何影响?

2-11 什么是信噪比?噪声系数是如何定义的?

2-12 什么是噪声温度和接收机的灵敏度?

2-13 已知并联谐振回路的 $L=1\mu\text{H}$,$C=20\text{pF}$,$Q=100$,求该并联回路的谐振频率 f_0、谐振电阻 R_p 及通频带 $BW_{0.7}$。

2-14 谐振回路如图 2-11 所示,已知:$C=100\text{pF}$,$L=390\mu\text{H}$,$Q=100$,信号源内阻 $R_s=100\text{k}\Omega$,负载电阻 $R_L=200\text{k}\Omega$,求该回路的谐振频率、谐振电阻及通频带。

2-15 设一并联谐振回路的 $f_0=10\text{MHz}$,$C=50\text{pF}$,$BW_{0.7}=150\text{kHz}$,求回路的 L 和 Q 以及 $\Delta f=600\text{kHz}$ 时的电压衰减倍数。如将通频带加宽为 300kHz,应在回路两端并联一个多大的电阻?

2-16 如图所示为一电容抽头的并联振荡回路,谐振频率为 1MHz,$C_1=400\text{pF}$,$C_2=400\text{pF}$。求回路电感 L。若 $Q=100$,$R_L=2\text{k}\Omega$,求回路有载品质因数 Q_L。

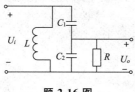

题 2-16 图

2-17 已知一 RLC 串联谐振回路谐振频率 $f_0=300\text{kHz}$,回路电容 $C=2000\text{pF}$,设规定在通频带的边界频率 f_1 和 f_2 处的回路电流是谐振电流的 $\dfrac{1}{1.25}$,问回路电阻 R 或 Q 值应等于多少才能获得 10kHz 的通频带?它与一般通频带定义相比较,Q 值相差多少?

(5)如果调节使(信号源频率仍为),求反射到初级回路的串联阻抗,它呈感性还是容性?

2-18 由相同三极管组成的同步调谐放大器如图示,已知:$f_0=465\text{kHz}$,$g_{ie}=0.49\text{ms}$,$c_{ie}=140\text{pF}$,$g_{oe}=50\mu\text{s}$,$c_{oe}=20\text{pF}$,$y_{fe}=36.8\text{ms}$,$y_{re}=0$。中频变压器各引出端子如图所示,其中 $N_2=35$ 匝,$N_{23}=65$ 匝,$N_{45}=3.5$ 匝,回路空载品质因数 $Q=100$,等效电容 $C_e=200\text{pF}$,(1)画出放大器的交流等效电路;(2)计算单级放大器的谐振电压增益 A_{u0} 和通频带 $BW_{0.7}$。

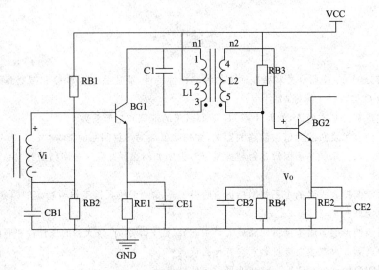

题 2-18

2－19 三级单调谐中频放大器,中心频率 $f_0 = 465\text{kHz}$,若要求总的带宽 $BW_{0.7} = 8\text{kHz}$,求每一级回路的 3 dB 带宽和回路有载品质因数 Q_L 值。

2－20 若采用三级临界耦合双回路谐振放大器作中频放大器(三个双回路),中心频率 $f_0 = 465\text{kHz}$,当要求 3 dB 带宽为 8kHz 时,每级放大器的 3 dB 带宽有多大? 当偏离中心频率 10kHz 时,电压放大倍数与中心频率相比,下降了多少 dB?

2－21 两级放大器的额定功率增益为 30dB,等效噪声带宽 $B_n = 1\text{MHz}$,噪声系数 $N_F = 2$,试求室温为 $T = 290\text{K}$ 时放大器的输出额定噪声功率为多大?

2－22 设某放大器输入信号功率为 $1\mu\text{W}$,输入噪声功率为 0.5pW,输出信号功率为 $200\mu\text{W}$。输出噪声功率为 250pW,试求该放大器的输入、输出端信噪比及噪声系数。

2－23 某接收机的等效噪声带宽近似为信号带宽约 3kHz,输入阻抗 50Ω,噪声系数为 6dB。用一总衰减为 4dB 的电缆连接到天线,假设各接口均匹配,为使接收机输出信噪比为 10dB,求接收机天线最小输入信号为多大?

第3章 高频功率放大器

Chapter 3

高频功率放大器是无线电发射机的主要组成部分。高频功率放大器常采用LC选频网络作为负载回路构成谐振功率放大器。为提高效率,通常工作于丙类,属于非线性电路。由于其激励信号大,它的分析方法、指标要求、工作状态等方面都不同于第2章所学的高频小信号放大器。高频谐振功率放大器作为窄带功率放大器主要用于放大固定频率或窄带信号。而新型的宽带、高频功率放大器是以频率响应很宽传输线变压器作为负载,可在很宽的范围内变换工作频率而不必调谐,并应用功率合成技术获得大功率输出。

本章先讨论高频谐振功率放大器的工作原理、特性及电路,然后介绍丁类、戊类和集成高频功放,最后介绍传输线变压器及宽带高频功率放大器的工作原理及应用。

3.1 概述

我们已经知道,在低频放大电路中为了获得足够大的低频输出功率,必须采用低频功率放大器。同样在高频范围,为了获得足够大的高频输出功率,也必须采用高频功率放大器。高频功率放大器的主要功用是放大高频信号,并且以高效输出大功率为目的,它主要应用于各种无线电发射机中。发射机中的振荡器产生的信号功率很小,需要经多级高频功率放大器才能获得足够的功率送到天线辐射出去。高频功率放大器的输出功率范围,可以小到便携式发射机的毫瓦级,大到无线电广播电台的几十千瓦、甚至兆瓦级。

高频功率放大器和低频功率放大器的共同特点都是输出功率大和效率高,但由于两者的工作效率和相对频带宽度相差很大,所以它之间有着根本的差异。低频功率放大器的工作频率低,但相对频带宽度却很宽,例如20～20000Hz,高低频率之比达1000倍,因此它们采用无调谐负载,如电阻、变压器等。高频功率放大器的工作频率很高(由几十千赫一直到几百、几千、甚至几万兆赫),但相对频带很窄。例如,调幅广播电台(535～1605kHz的频率范围)的频带宽度为9kHz。如取中心频率为900kHz,而相对频宽只相当于中心频率的1/100,因此,高频功率放大器一般都采用选频网络作为负载回路。由于上述特点,使得这两种放大器所选用的工作状态不同:低频功率放大器可以工作于甲类、甲乙类或乙类状态;高频功率放大器则一般都工作于丙类。

从低频电子线路课程我们已经知道,放大器可以按照电流的导通角不同,分为甲、乙、丙三类工作状态,为了进一步提高工作效率还提出了丁类与戊类放大器,这些放大器都工作在开关状态。功率放大器的几种工作状态的特点见表3-1。

表 3-1　不同工作状态时放大器的特点

工作状态	导通角	理想效率	负载	应用
甲类	$\theta = 180°$	50%	电阻	低频
乙类	$\theta = 90°$	78.5%	推挽,回路	低频,高频
甲乙类	$90° < \theta < 180°$	$50\% < \eta < 78.5\%$	推挽	低频
丙类	$\theta < 90°$	$\eta > 78.5\%$	选频回路	高频
丁类	开关状态	$90\% \sim 100\%$	选频回路	高频

3.2　高频谐振功率放大器的工作原理

3.2.1　基本工作原理

如图 3-1 所示,谐振功率放大器是由晶体管、LC 谐振回路和直流供电电路组成。晶体管的作用是在将供电电源的直流能量转变为交流能量的过程中起开关控制作用。图中 V_{CC}、V_{BB} 为集电极和基极提供适当工作电压的电源。为使晶体管工作在丙类状态,V_{BB} 应使晶体管的基极为负偏置。此时,输入激励信号应为大信号,一般在 0.5V 以上,可达 $1 \sim 2$V,甚至更大。也就是说,晶体管工作在截止和导通(放大)两种状态下,基极电流和集电极电流均为高频脉冲信号。由于采用并联谐振回路作负载,当并联谐振回路调谐在输入信号频率上,既保证了输出电压相对于输入电压不失真,还具有阻抗变换的作用。这是因为集电极电流是周期性的高频脉冲,其频率分量除了有用分量外,还有其他谐波分量,用谐振回路选出有用分量,将其他无用分量滤除;通过谐振回路阻抗的调节,从而使谐振回路呈现高频功率放大器所要求的最佳负载阻抗值,即匹配,使高频功率放大器以高效输出所需功率。

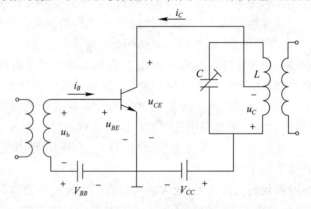

图 3-1　谐振功率放大器原理电路

3.2.2　电流、电压波形

设基极输入一高频余弦信号

$$u_b = U_{bm} \cos \omega t \tag{3-1}$$

则晶体管基极回路电压 u_{BE} 为

$$u_{BE} = V_{BB} + U_{bm}\cos\omega t \tag{3-2}$$

当输入信号足够大,忽略从截止到导通非线性区域,故可对转移特性进行折线化近似,如图 3-2(a)所示,其斜率为 g_c,称为跨导。当 u_{BE} 的瞬时值大于基极和发射极之间的导通电压 V_{BZ} 时,晶体管才导通,其余时间都截止,如图 3-2(b)所示。我们把晶体管在一个信号周期内导通时间的一半称为导通角,用 θ 表示。发射结导通后,晶体管便由截止区进入放大区,集电极将流过电流 i_C

$$\left.\begin{array}{ll} i_C = g_c(u_{BE} - V_{BZ}) & u_{BE} > V_{BZ} \\ i_C = 0 & u_{BE} \leqslant V_{BZ} \end{array}\right\} \tag{3-3}$$

其形状为周期余弦脉冲形状,如图 3-2(c)所示。

这样的周期性脉冲可以用傅里叶级数分解成直流、基波和各次谐波分量,即

$$i_C = I_{C0} + I_{cm1}\cos\omega t + I_{cm2}\cos 2\omega t + \cdots I_{cmn}\cos n\omega t + \cdots \tag{3-4}$$

由于在集电极电路内采用的是并联谐振回路,当并联回路谐振于基频,那么它对基频则呈现很大的纯电阻性阻抗,而对其余谐波的阻抗则很小,所以可以看作短路。因此,并联谐振电路通过 i_C 所产生的电位降也几乎只含有基频。这样,i_C 的失真虽然很大,但由于谐振回路的这种滤波作用,仍然能得到余弦波形的输出。这时回路输出的电压为

$$u_c = I_{cm1}R_p\cos\omega t = U_{cm}\cos\omega t \tag{3-5}$$

其中,R_p 为谐振回路的谐振电阻。晶体管集电极电压 u_{CE} 为

$$u_{CE} = V_{CC} - u_c = V_{CC} - U_{cm}\cos\omega t \tag{3-6}$$

其波形如图 3-2 (d)所示。

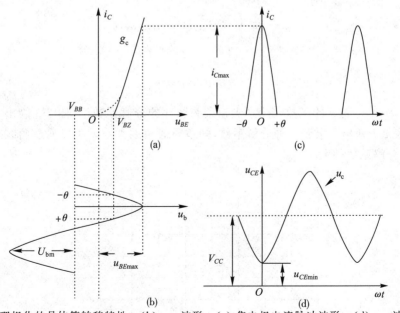

（a）理想化的晶体管转移特性　（b）u_{BE} 波形　（c）集电极电流脉冲波形　（d）u_{CE} 波形

图 3-2　谐振功率放大器中电流、电压波形

3.2.3 集电极余弦电流脉冲的分解

当晶体管特性曲线理想化后,丙类工作状态的集电极电流脉冲是尖顶余弦脉冲,对其进行傅里叶级数展开,如式(3−4)所示。为求出分解系数,需先求解出 i_C 的表达式,因此将式(3−2)代入式(3−3)得

$$i_C = g_c(V_{BB} + U_{bm}\cos\omega t - V_{BZ}) \tag{3−7}$$

当 $\omega t = \theta$ 时,$i_C = 0$,由式(3−7)可得

$$\cos\theta = \frac{V_{BZ} - V_{BB}}{U_{bm}} \tag{3−8}$$

因此,如知道 U_{bm}、V_{BB} 与 V_{BZ} 各值,θ 的值便被确定。

利用式(3−8)可将式(3−7)改写为

$$i_C = g_c U_{bm}(\cos\omega t - \cos\theta) \tag{3−9}$$

当 $\omega t = 0$ 时,$i_C = i_{Cmax}$,由式(3−9)可得

$$i_{Cmax} = g_c U_{bm}(1 - \cos\theta) \tag{3−10}$$

将式(3−9)与式(3−10)相除可得集电极余弦脉冲电流的表达式为

$$i_C = i_{Cmax}\left(\frac{\cos\omega t - \cos\theta}{1 - \cos\theta}\right) \tag{3−11}$$

可见,i_C 完全取决于脉冲高度 i_{Cmax} 与导通角 θ。

于是根据傅里叶级数的求系数方法,得到

$$\left. \begin{aligned} I_{C0} &= \frac{1}{2\pi}\int_{-\pi}^{+\pi} i_C \mathrm{d}(\omega t) = i_{Cmax}\alpha_0(\theta) \\ I_{cm1} &= \frac{1}{2\pi}\int_{-\pi}^{+\pi} i_C \mathrm{d}(\omega t) = i_{Cmax}\alpha_1(\theta) \\ &\vdots \\ I_{cmn} &= \frac{1}{2\pi}\int_{-\pi}^{+\pi} i_C \mathrm{d}(\omega t) = i_{Cmax}\alpha_n(\theta) \end{aligned} \right\} \tag{3−12}$$

式中 α_0、α_1、$\cdots$、α_n 是 θ 的函数,称为"尖顶余弦脉冲的分解系数"。图 3-3 绘出了分解系数的曲线图,表 3-2 列出了余弦脉冲分解系数,知道导通角的大小就可以通过曲线或分解系数表查到所需分解系数的大小。

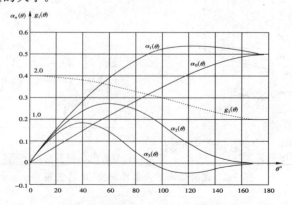

图 3-3 尖顶余弦脉冲电流分解系数

表 3-2　余弦脉冲分解系数表

$\theta°$	$\cos\theta$	α_0	α_1	α_2	g_1	$\theta°$	$\cos\theta$	α_0	α_1	α_2	g_1
10	0.985	0.036	0.073	0.073	2.00	73	0.292	0.263	0.448	0.262	1.70
20	0.940	0.074	0.146	0..141	1.97	74	0.276	0.266	0.452	0.260	1.70
30	0.866	0.111	0.215	0.198	1.94	75	0.259	0.269	0.455	0.258	1.69
40	0.766	0.147	0.280	0.241	1.90	76	0.242	0.273	0.459	0.256	1.68
50	0.643	0.183	0.339	0.267	1.85	77	0.225	0.276	0.463	0.253	1.68
51	0.629	0.187	0.344	0.269	1.84	78	0.208	0.279	0.466	0.251	1.67
52	0.616	0.190	0.350	0.270	1.84	79	0.191	0.283	0.469	0.248	1.66
53	0.602	0.194	0.355	0.271	1.83	80	0.174	0.286	0.472	0.245	1.65
54	0.588	0.197	0.360	0.272	1.82	81	0.156	0.289	0.475	0.242	1.64
55	0.574	0.201	0.366	0.273	1.82	82	0.139	0.293	0.478	0.239	1.63
56	0.559	0.204	0.371	0.274	1.81	83	0.122	0.296	0.481	0.236	1.62
57	0.545	0.208	0.376	0.275	1.81	84	0.105	0.299	0.484	0.233	1.61
58	0.530	0.211	0.381	0.275	1.80	85	0.087	0.302	0.487	0.230	1.61
59	0.515	0.215	0.386	0.275	1.80	86	0.070	0.305	0.490	0.226	1.61
60	0.500	0.218	0.391	0.276	1.80	87	0.052	0.308	0.493	0.223	1.60
61	0.485	0.222	0.396	0.276	1.78	88	0.035	0.312	0.496	0.219	1.59
62	0.469	0.225	0.400	0.275	1.78	89	0.017	0.315	0.498	0.216	1.58
63	0.454	0.229	0.405	0.275	1.77	90	0.000	0.319	0.500	0.212	1.57
64	0.438	0.232	0.410	0.274	1.77	100	−0.174	0.350	0.520	0.172	1.49
65	0.423	0.236	0.414	0.274	1.76	110	−0.342	0.379	0.531	0.131	1.40
66	0.407	0.239	0.419	0.273	1.75	120	−0.500	0.406	0.536	0.092	1.32
67	0.391	0.243	0.423	0.272	1.74	130	−0.643	0.431	0.534	0.058	1.24
68	0.375	0.246	0.427	0.270	1.74	140	−0.766	0.453	0.528	0.032	1.17
69	0.358	0.249	0.432	0.269	1.74	150	−0.866	0.472	0.520	0.014	1.10
70	0.342	0.253	0.436	0.267	1.73	160	−0.940	0.487	0.510	0.004	1.05
71	0.326	0.256	0.440	0.266	1.72	170	−0.985	0.496	0.502	0.001	1.01
72	0.309	0.259	0.444	0.264	1.71	180	−1.000	0.500	0.500	0.000	1.00

3.2.4　输出功率与效率

由于输出回路对基波谐振，呈纯电阻 R_p，对其他谐波的阻抗很小且呈容性。因此，在谐振功率放大器中只需研究直流及基波功率。在 R_p 上只有 U_{cm} 和 I_{cm1}，符合 $R_p = \dfrac{U_{cm}}{I_{cm1}}$。

集电极直流电源所供给的直流功率为

$$P_D = V_{CC}I_{C0} \tag{3-13}$$

放大器的输出功率等于集电极电流基波分量在负载上的平均功率,即

$$P_o = \frac{1}{2}I_{cm1}U_{cm} = \frac{1}{2}I_{cm1}^2 R_p = \frac{U_{cm}^2}{2R_p} \tag{3-14}$$

集电极耗散功率等于集电极直流电源输入功率与基波输出功率之差,即

$$P_c = P_D - P_o \tag{3-15}$$

因此放大器的集电极效率为

$$\eta_C = \frac{P_o}{P_D} = \frac{1}{2}\frac{U_{cm}I_{cm1}}{V_{CC}I_{C0}} = \frac{1}{2}\xi g_1(\theta) \tag{3-16}$$

式(3-16)中,$\xi = \dfrac{U_{cm}}{V_{CC}}$ 称为"集电极电压利用系数";$g_1(\theta) = \dfrac{I_{cm1}}{I_{C0}}$ 称为"波形系数"。$g_1(\theta)$ 是导通角 θ 的函数,其函数关系如图3-3所示。θ 值越小,$g_1(\theta)$ 越大,放大器的效率也就越高。在 $\xi = 1$ 的条件下,由公式(3-16)可求得不同工作状态下放大器的理想效率分别为:

甲类工作状态:$\theta = 180°$,$g_1(\theta) = 1$,$\eta_C = 50\%$

乙类工作状态:$\theta = 90°$,$g_1(\theta) = 1$,$\eta_C = 78.5\%$

丙类工作状态:$\theta = 60°$,$g_1(\theta) = 1$,$\eta_C = 90\%$

可见,丙类工作状态的效率最高,当 $\theta = 60°$ 时,效率可达 90%,随着 θ 的减小,效率还会进一步提高。但由图3-3可知,当 $\theta < 40°$ 后继续减小,波形系数的增加很缓慢,也就是说 θ 过小后,放大器效率的提高就不显著了,此时 $g_1(\theta)$ 却迅速下降,为了达到一定的输出功率,所要求的激励信号电压的幅值将会过大,从而对前级提出过高的要求。所以,谐振功率放大器一般取 θ 为 $70°$ 左右。

例 3-1 如图3-1所示的功率放大器中,$V_{CC} = 15V$,$V_{BB} = -0.5V$,输入信号电压 $u_b(t) = 2\cos\omega t$(V),并联谐振回路谐振在信号频率上,其谐振电阻 $R_p = 360\Omega$。已知晶体管的 $g_c = 100mS$,$V_{BZ} = 0.5V$。试求:(1)电流导通角 θ;(2)写出集电极电流中基波分量 $i_{c1}(t)$ 和回路两端的电压表达式 $u_c(t)$;(3)计算 P_D,P_o 及 η_C。

解:(1)由式(3-8)可得

$$\cos\theta = \frac{V_{BZ} - V_{BB}}{U_{bm}} = \frac{0.5 + 0.5}{2} = 0.5 \quad 查表可知 \quad \theta = 60°$$

(2)由式(3-10)可得 $\quad i_{Cmax} = g_c U_{bm}(1 - \cos\theta) = 100 \times 2 \times (1 - 0.5) = 100mA$

由式(3-12)可得 $\quad I_{cm1} = i_{Cmax}\alpha_1(\theta) = 100 \times 0.391 = 39.1mA$

由于 $U_{cm} = I_{cm1}R_p = 0.0391 \times 360 = 14V$

所以,可得 $i_{c1}(t) = I_{cm1}\cos\omega t = 0.0391\cos\omega t$(A)

$$u_c(t) = U_{cm}\cos\omega t = 14\cos\omega t \text{(V)}$$

(3) $I_{C0} = i_{Cmax}\alpha_0(\theta) = 100 \times 0.218 = 21.8mA$

于是 $P_D = I_{C0}V_{CC} = 0.0218 \times 15 = 0.327W$

$$P_o = \frac{1}{2}I_{cm1}U_{cm} = 0.5 \times 0.0391 \times 14 = 0.275W$$

$$\eta_C = \frac{P_o}{P_D} = \frac{0.275}{0.327} = 84.2\%$$

3.3　高频谐振功率放大器的特性分析

谐振功率放大器的输出功率、效率及集电极损耗等与集电极负载回路的谐振阻抗、输入信号的幅度、基极偏置电压以及集电极电源电压的大小密切相关,其中集电极负载回路的谐振阻抗对它们的影响尤为重要。通过对这些特性的分析,可以了解谐振功率放大器的设计以及正确的调试方法。

3.3.1　谐振功率放大器的动态特性

为了研究谐振功率放大器的输出功率、管耗及效率,并指出一个大概变化规律,将晶体管的输出特性曲线折线化,如图 3-4 所示。临界线 L 是一条通过原点,斜率为 g_{cr} 的直线,它将晶体管的工作区分为饱和区与放大区:在它的左上方为饱和区,右方为放大区(当然,在靠近横轴处,$i_C \approx 0$,为截止区)。该临界线方程可写为

$$i_C = g_{cr} u_{CE} \tag{3-17}$$

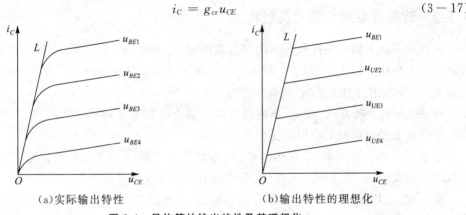

（a）实际输出特性　　　　　　　　　　（b）输出特性的理想化

图 3-4　晶体管的输出特性及其理想化

高频功率放大器中电流波形可以从晶体管的动态特性曲线上获得。所谓动态特性就是指当加上激励信号及接上负载阻抗时,晶体管电流 i_C 与电压 u_{CE} 的关系曲线,它在晶体管伏—安特性坐标系中可用一条曲线(静态特性是一簇曲线)等效。当晶体管的静态特性曲线理想化为折线,而且高频功放工作于负载回路的谐振状态(即负载呈纯电阻性)时,动态特性曲线即为一条直线。根据式(3-2)、(3-3)和(3-6),可以求得这一直线方程为

$$i_C = g_d (u_{CE} - V_0) \tag{3-18}$$

其中 $g_d = -g_c \dfrac{U_{bm}}{U_{cm}}$, $V_0 = \dfrac{V_{CC} U_{bm} + V_{BB} U_{cm} - V_{BZ} U_{cm}}{U_{bm}}$ 。

动态特性直线的画法是:①作 Q 点:令 $\omega t = 90°$,则 $u_{CE} = V_{CC}$, $u_{BE} = V_{BB}$,因此,由式(3-3)可知,$i_C = I_Q = g_c (V_{BB} - V_{BZ})$ 。注意,在丙类工作状态时,I_Q 是实际上不存在的电流,叫作"虚拟电流"。I_Q 仅是用来确定工作点 Q 的位置。②作 A 点:令 $\omega t = 0°$,则 $u_{CE} = u_{CEmin} = V_{CC} - U_{cm}$, $u_{BE} = u_{BEmax} = V_{BB} + U_{bm}$ 。求出 A、Q 两点,即可画出动态特性直线。

画出动态特性直线后,由它和静态曲线的相应交点,即可求出对应各种不同 ωt 值的 i_C 值,绘出相应的 i_C 脉冲波形,如图 3-5 所示。

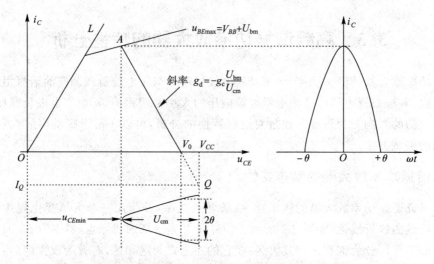

图 3-5　动态特性曲线的做法与相应的电压、电流波形

3.3.2　谐振功率放大器的负载特性

高频功率放大器的工作状态取决于负载电阻 R_p 和电压 V_{CC}、V_{BB}、U_{bm} 四个参数。如果维持三个电压参数不变,那么工作状态就取决于 R_p,此时各种电流、输出电压、功率与效率等随 R_p 而变化的曲线就叫"负载特性"。

图 3-6 给出了随 R_p 的变化,集电极电流与输出电压变化的情况。可见,高频功率放大器的工作状态随着负载的不同而变化。

动态特性曲线①代表 R_p 较小因而 U_{cm} 也较小的情形,称为"欠压工作状态"。它与静态特性曲线的交点 A_1 位于放大区,这时 i_c 电流波形为尖顶余弦脉冲。

随着 R_p 的增加,动态线的斜率将随之减小,动态线与静态特性曲线的交点向左移动。直到它与静态特性曲线相交于临界线一点 A_2 时,放大器工作于临界状态。此时 i_c 电流波形仍为尖顶余弦脉冲。

负载电阻 R_p 继续增大,输出电压进一步增大,晶体管进入饱和区即进入过压工作状态。动态线③就是这种情形。动态线穿过临界点后,电流将沿临界线下降,因此集电极电流脉冲成为凹顶状。

由此可见,R_p 的变化引起了电流脉冲的变化,同时也引起了 U_{cm}、P_o 与 η_C 等的变化。仔细观察图 3-6 知,在欠压区至临界线的范围内,当 R_p 逐渐增大时,集电极电流脉冲的最大值 i_{Cmax} 以及导通角 θ 的变化不大。R_p 增加,仅仅使 i_{Cmax} 略有减小。因此,在欠压区内的 I_{C0} 与 I_{cm1} 几乎维持常数,仅随 R_p 的增加而略有下降。但进入过压区后,集电极电流脉冲开始下凹,而且下凹程度随着 R_p 的增大而急剧加深,致使 I_{C0} 与 I_{cm1} 也急剧下降。这样就得到图 3-7(a)所示的曲线。再由 $U_{cm} = I_{cm1} R_p$ 的关系式看出,在欠压区由于 I_{cm1} 变化很小,因此 U_{cm} 随 R_p 的增加而直线上升。进入过压区后,由于 U_{cm} 随 R_p 的增加而显著下降,因此 U_{cm} 随 R_p 的增加而缓慢地上升。

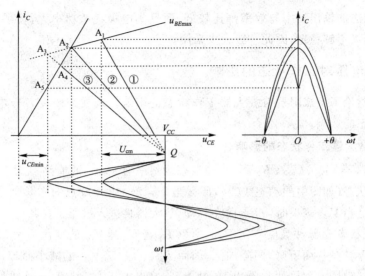

图 3-6 负载电阻对动态线及电流、电压的影响

放大器的功率与效率随负载变化的曲线如图 3-7(b)所示。根据图 3-7(a)可以推导出它们的变化规律。对于直流电源功率 P_D 而言,由于 V_{cc} 不变,所以 P_D 随 R_p 变化的曲线与 I_{C0} 变化曲线规律相同。而对于输出功率 P_o,在欠压区,I_{cm1} 随 R_p 增加而下降缓慢,所以 P_o 随 R_p 的增加而增加;在过压区,I_{cm1} 随 R_p 增加而很快下降,所以当 R_p 增加时反而下降。因此,在临界时输出功率为最大。

由于放大器的效率 η_C 等于 P_o 与 P_D 的比值,在欠压区,P_D 变化很小,故 η_C 随 R_p 的变化规律与 P_o 的变化规律相似。到达临界状态后,开始时因为 P_o 的下降没有 P_D 下降快,因而 η_C 继续增加,但增加很缓慢。随着 R_p 的继续增加,P_o 因 I_{cm1} 的急速下降而下降。因而 η_C 略有减小。由此可知,在靠近临界的弱过压状态处出现 η_C 的最大值。

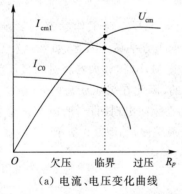

(a)电流、电压变化曲线

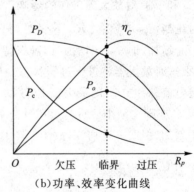

(b)功率、效率变化曲线

图 3-7 负载特性曲线

三种工作状态的优缺点综合如下:

(1)临界状态的优点是输出功率 P_o 最大,效率 η_C 也较高,可以说是最佳工作状态。这种工作状态主要用于发射机末级。

(2)过压状态的优点是当负载阻抗变化时,输出电压比较平稳;在弱过压时,效率可达较高,但输出功率有所下降。它常用于需要维持输出电压比较平稳的场合,如发射机的中间放大级。

(3)欠压状态的输出功率与效率都比较低,而且集电极耗散功率大,管子容易发热造成损坏,输出电压又不够稳定,因此一般较少采用。

3.3.3 各极电压对工作状态的影响

以上着重讨论了负载阻抗对放大器工作状态的影响。现在来研究各极电压变化时,对放大器工作状态的影响。

一、V_{CC} 对放大器工作状态的影响

观察图 3-6,若 V_{BB}、U_{im}、R_p 不变,即动态线斜率与 u_{BEmax} 的值都不变。又假如放大器原工作于临界状态(如图中的动态线②),那么当 V_{CC} 增加时,Q 点向右移动,放大器将进入欠压状态。反之当 V_{CC} 减小时,Q 点向左移动,放大器将进入过压工作状态。根据前面的讨论知道,在欠压状态 i_C 脉冲高度变化不大,所以 I_{cm1}、I_{C0} 随 V_{CC} 的变化不大,而在过压状态,i_C 脉冲高度随 V_{CC} 减小而下降,凹陷加深,因而 I_{cm1}、I_{C0} 随 V_{CC} 的减小而较快地下降,如图 3-8 所示。另外,由图 3-8(b)可以看出,在过压区,输出电压 U_{cm} 与 V_{CC} 呈线性关系,这一特性可实现集电极调幅作用。

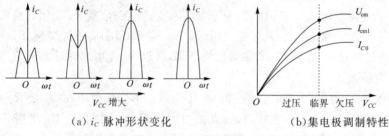

(a)i_C 脉冲形状变化　　　　　(b)集电极调制特性

图 3-8　V_{CC} 对放大器工作状态的影响

二、U_{bm} 和 V_{BB} 对放大器工作的影响

首先讨论当 V_{CC}、V_{BB}、R_p 不变时,只改变激励电压 U_{bm} 对工作状态的影响。观察图 3-6,当 U_{bm} 增加,即 u_{BEmax} 增加时,静态特性曲线将向上方平移。因此,如果原来工作于临界状态,那么这时放大器将进入过压状态。反之,当 U_{bm} 减小时,放大器将进入欠压状态。

集电极电流脉冲 i_{Cmax} 的最大值是与 U_{bm} 成正比的,因此在欠压状态时,随着 U_{bm} 的减小,I_{C0} 与 I_{cm1} 亦随之减小。进入过压状态后,由于电流脉冲出现凹顶,所以 U_{bm} 增加时,虽然脉冲振幅增加,但凹陷也加深,故 I_{C0} 与 I_{cm1} 的增长很缓慢,如图 3-9 所示。

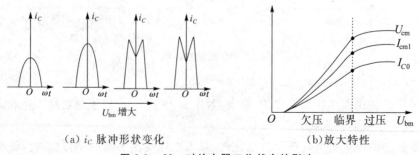

(a)i_C 脉冲形状变化　　　　　(b)放大特性

图 3-9　U_{bm} 对放大器工作状态的影响

由于 $u_{BE\max} = V_{BB} + U_{bm}$，所以对于只改变 V_{BB} 时的工作状态变化规律与只改变 U_{bm} 时的变化规律是相同的，如图 3-10 所示。另外，由图 3-10(b) 可以看出，在欠压区，输出电压 U_{cm} 与 V_{BB} 呈线性关系，这一特性可实现基极调幅作用。

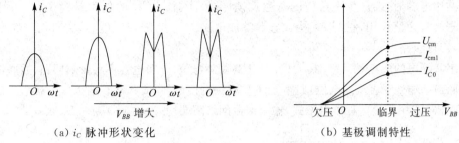

（a）i_C 脉冲形状变化 　　　　　　　（b）基极调制特性

图 3-10 　V_{BB} 对放大器工作状态的影响

例 3.2 谐振功率放大器原工作于欠压状态。现在为了提高输出功率，将放大器调整到临界工作状态。试问，可分别改变哪些量来实现？当改变不同的量调到临界状态时，放大器的输出功率是否都是一样大？

解: (1)增大 R_p 可由欠压状态调整到临界状态，这时 $i_{C\max}$ 不变，θ 不变，I_{cm1} 不变，随 R_p 增大输出功率增大。

(2)增大 U_{bm} 可由欠压状态调整到临界状态，这时 $i_{C\max}$ 随 U_{bm} 增大而增大，$\cos\theta$ 随 U_{bm} 增大而减小，θ 随 U_{bm} 增大而增大，$\alpha_1(\theta)$ 增大。R_p 不变，$I_{cm1} = i_{C\max}\alpha_1(\theta)$ 随 U_{bm} 增大，则输出功率随 U_{bm} 增大而增大。

(3)增大 V_{BB} 可由欠压状态调整到临界状态，这时 $i_{C\max}$ 随 V_{BB} 增大而增大，$\cos\theta$ 随 U_{bm} 增大而减小，θ 随 U_{bm} 增大而增大，$\alpha_1(\theta)$ 增大。R_p 不变，$I_{cm1} = i_{C\max}\alpha_1(\theta)$ 随 V_{BB} 增大，则输出功率随 U_{bm} 增大而增大。

三者的改变由欠压状态到临界状态，输出功率不会一样大。

3.4 　谐振功率放大器的电路组成

谐振功率放大器是由输入回路、晶体管和输出回路组成。输入、输出回路在谐振功率放大器中的作用是提供放大器所需的正常偏置、实现滤波、保证阻抗匹配。可以认为它是直流馈电电路和匹配网络两部分组成的。

3.4.1 　直流馈电电路

直流馈电电路包括集电极馈电电路和基极馈电电路。它保证在集电极和基极回路，使放大器正常工作所必需的电压电流关系，即保证集电极回路电压和基极回路电压以及在回路中集电极电流的直流和基波分量各自正常的通路，并且要求高频信号不要流向直流源，这样可以减少不必要的高频功率的损耗和对直流电源的干扰。为了达到上述目的，需要设置一些旁路电容和阻止高频电流的扼流圈。

一、集电极馈电电路

图 3-11 是集电极馈电电路的两种形式:串联馈电电路和并联馈电电路。图 3-11(a)中,

晶体管、谐振回路和电源三者是串联连接的,故称为"串联馈电电路"。图 3-11(b)中晶体管、电源、谐振回路三者是并联连接的,故称为"并联馈电电路"。图中 L_C 的作用是阻止高频电流流过电源,因为电源总是有内阻的,高频电流流过电源会无谓地损耗功率,而且当多级放大器共用电源时,会产生不希望的寄生反馈(共源干扰)。C_{C1} 的作用是提供交流通路,对高频信号具有短路作用,它与 L_C 构成电源滤波电路。C_{C2} 为隔直流电容,它对信号频率的容抗很小,接近短路。

串联馈电的优点是 V_{CC}、L_C、C_{C1} 处于高频地电位,分布电容不易影响回路;并联馈电的优点是回路一端处于直流地电位,回路元件 L、C 一端接地,调试 L 和 C 时人体干扰小。需要指出的是,图 3-11 中无论何种馈电形式,输出谐振网络两端均有 $u_{CE} = V_{CC} - U_{cm}\cos\omega t$。

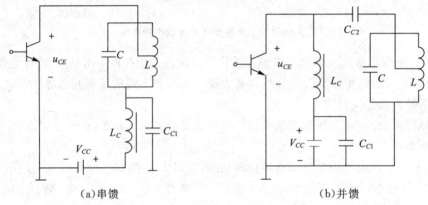

(a)串馈　　　　　　　　　　　(b)并馈

图 3-11　集电极直流馈电电路的两种形式

二、基极馈电电路

基极馈电电路也有串馈和并馈两种形式,如图 3-12 所示。图中,C_P 为旁路电容,C_B 为耦合电容,L_B 为高频扼流圈。在实际电路中,工作较低或工作频带较宽的功率放大器一般采用互感耦合,因此常采用如图 3-12(a)所示的串联馈电的形式。对于甚高频段的功率放大器,由于采用电容耦合比较方便,所以通常采用如图 3-12(b)所示的并联馈电的形式。

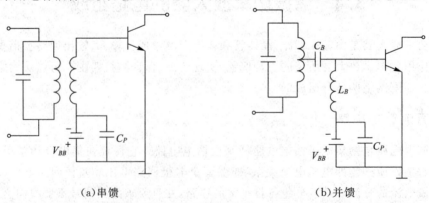

(a)串馈　　　　　　　　　　　(b)并馈

图 3-12　　基极馈电的两种形式

基极的负偏压即可以是外加的,称为"固定偏压",也可以由基极直流电流或发射极直流电流流过电阻产生,称为"自给偏压"。图 3-13 给出了几种常见的自给偏置电路。图 3-13(a)是利用基极电流的直流分量 I_{B0} 在基极偏置电阻 R_B 上产生所需要的偏置电压。图 3-13

(b)是利用高频扼流圈中固有直流电阻来获得很小的反向偏置电压,可称为"零偏压电压"。图 3-13(c)利用发射极电流的直流分量在发射极偏置电阻上产生所需要的偏置电压。自给偏压的优点是偏压能随激励大小变化,使晶体管的各极电流受激励变化的影响减小,电路工作较稳定。

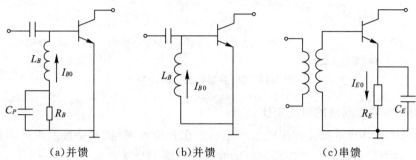

（a）并馈　　　　　　　　（b）并馈　　　　　　　　（c）串馈

图 3-13　几种常用的产生基极偏压的方法

3.4.2　匹配网络

在发射机中,为了获得足够大的高频输出功率,通常可采用多级高频功率放大的方式。每级之间需要匹配网络,根据谐振功率放大器在发射机中所处位置的不同,常将谐振功率放大器所采用的匹配网络分为输入、输出和级间耦合三种电路。这三种匹配网络都可以采用由 L 和 C 组成的 L 型、π 型或 T 型这样的基本网络。匹配网络在电路中的作用是实现选频滤波与阻抗匹配。

下面仅就匹配网络的阻抗变换特性加以讨论。

一、串、并联电路的阻抗转换

电抗、电阻的串联和并联电路如图 3-14 所示,它们之间可以互相等效转换。令两者的端导纳相等,就可以得到它们之间的等效转换关系,即

$$\frac{1}{R_S + jX_S} = \frac{1}{R_P} + \frac{1}{jX_P} \tag{3-19}$$

由此可得到串、并联电路阻抗转换关系为

$$R_P = R_S(1 + Q_e^2) \tag{3-20}$$

$$X_P = X_S\left(1 + \frac{1}{Q_e^2}\right) \tag{3-21}$$

式中

$$Q_e = \frac{|X_S|}{RS} = \frac{R_P}{|X_P|} \tag{3-22}$$

以上公式说明 Q_e 值取定后,R_S 与 R_P、X_S 与 X_P 之间可以互相转换,其中,转换后的电抗性质不变。

（a）串联电路 （b）并联电路

图 3-14 串、并联电路阻抗转换

二、L 型滤波匹配网络的阻抗变换

这是由两个异性质电抗元件接成 L 型结构的阻抗变换网络，它是最简单的阻抗变换电路。图 3-15(a)所示为低阻抗变高阻抗的滤波匹配网络。R_L 为外接实际负载电阻，它与电感支路串联，可减小高次谐波的输出，对提高滤波性能有利。为了提高网络的传输效率，电容 C 应采用高频损耗很小的电容，电感 L 应用高 Q 值的电感线圈。

将图中 L 和 R_L 串联电路用并联电路来等效，则得到图 3-15(b)所示电路。由串、并联电路阻抗变换关系可知

$$R'_L = R_L(1 + Q_e^2) \qquad (3-23)$$

$$L' = L(1 + \frac{1}{Q_e^2}) \qquad (3-24)$$

$$Q_e = \frac{\omega L}{R_L} \qquad (3-25)$$

在工作频率上，图 3-15(b)所示并联回路谐振，其等效谐振阻抗 R_e 就等于 R'_L。由于 $R_e = R'_L > R_L$，即图 3-15(a)所示 L 型网络能将低电阻负载变为高电阻负载，其变换倍数决定于 Q_e 值的大小。为了实现阻抗匹配，在已知 R_L 和 R_e 时，滤波匹配网络的品质因数 Q_e 可由式(3-26)得到，即

$$Q_e = \sqrt{\frac{R_e}{R_L} - 1} \qquad (3-26)$$

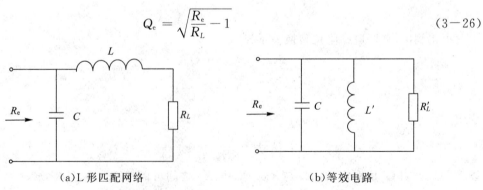

（a）L 形匹配网络 （b）等效电路

图 3-15 低阻变高阻 L 型滤波匹配网络

如果外接负载电路比较大，而放大器要求的负载电阻较小，可采用图 3-16(a)所示的高阻抗变低阻抗 L 型滤波匹配网络。

将图 3-16(a)中 C 和 R_L 并联电路用串联电路来等效，则得到图 3-16(b)所示电路。由串、并联电路阻抗变换关系可知

$$R'_L = \frac{R_L}{(1+Q_e^2)} \qquad (3-27)$$

$$C' = C(1+\frac{1}{Q_e^2}) \qquad (3-28)$$

$$Q_e = R_L \omega C \qquad (3-29)$$

在工作频率上,图 3-16(b)所示串联回路谐振,其等效谐振阻抗 R_e 等于 R'_L。由于 $R_e = R'_L < R_L$,即能将高电阻负载变为低电阻负载,其变换倍数决定于 Q_e 值的大小。为了实现阻抗匹配,在已知 R_L 和 R_e 时,滤波匹配网络的品质因数 Q_e 可由公式(3—30)得到,即

$$Q_e = \sqrt{\frac{R_L}{R_e} - 1} \qquad (3-30)$$

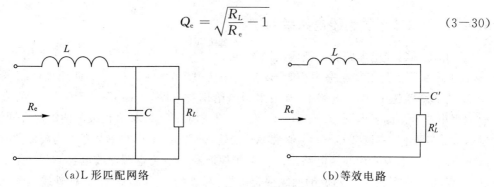

(a)L 形匹配网络　　　　　　(b)等效电路

图 3-16　高阻变低阻 L 型滤波匹配网络

三、π 型和 T 型匹配网络

由于 L 型滤波匹配网络阻抗变换前后的电阻相差 $1+Q_e^2$ 倍,如果实际情况下要求变换的倍数并不高,这样回路的值只能很小,其结果是滤波性能很差。为了克服这一矛盾,可采用 π 型和 T 型滤波匹配网络,如图 3-17 所示。

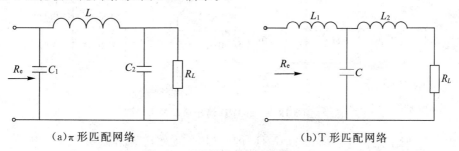

(a)π 形匹配网络　　　　　　(b)T 形匹配网络

图 3-17　π 型和 T 型匹配网络

π 型和 T 型滤波匹配网络可以分割成两个 L 型网络。应用 L 型网络的分析结果,可以得到它们的阻抗变换关系及元件参数值计算公式。例如图 3-17(a)可分割成图 3-18 所示电路,其中,$L_1 = L_{11} + L_{12}$。由图 3-18 可见,L_{12},C_2 构成高阻变低阻的 L 型网络,它将实际负载电阻 R_L 变换成低阻 R'_L,显然 $R'_L < R_L$;L_{11},C_1 构成低阻变低阻的 L 型网络,它再将 R'_L 变换成所要求的负载 R_e,显然 $R_e > R'_L$。恰当选择两个 L 型网络的 Q_e 值,就可以兼顾到滤波和阻抗匹配的要求。

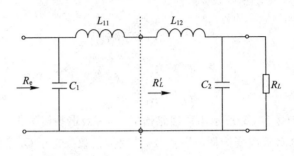

图 3-18　π 型拆成 L 型电路

3.4.3　谐振功率放大器电路举例

采用不同的馈电电路和滤波匹配网络，可以构成谐振功率放大器的各种实用电路。

图 3-19 所示是工作频率为 50MHz 的谐振功率放大电路，它向 50Ω 外接负载提供 70W 功率，功率增益达 11dB。电路中，基极采用自给偏置电路，由高频扼流圈 L_B 中的直流电阻产生很小的负值偏置电压。C_1、C_2、C_3 和 L_1 组成由 T 型和 L 型构成的两级混合网络，作为输入滤波匹配网络，调节 C_1 和 C_2 使功率管的输入阻抗在工作频率上变换为前级要求的 50Ω 匹配电阻。集电极采用并馈电路，L_C 为高频扼流圈，C_C 为电源滤波电容，C_4、C_5、C_6、L_2 和 L_3 组成由 L 型和 T 型构成的两级混合网络，调节 C_4、C_5 和 C_6 使 50Ω 外接负载在工作频率上变换为放大管所要求的匹配电阻。

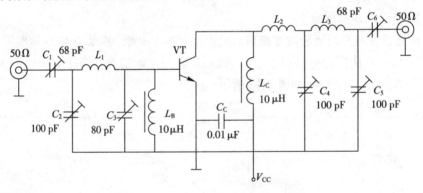

图 3-19　　50MHz 谐振功率放大电路

图 3-20 所示是工作频率为 175MHz 的 VMOS 场效应管谐振功率放大电路，它向 50Ω 外接负载提供 10W 功率，功率增益达 10dB。栅极采用并馈，漏极采用串馈。栅极采用 C_1、C_2、C_3 和 L_1 组成 T 型匹配网络，漏极采用 C_4、C_5、C_6、L_2 和 L_3 组成 π 型匹配网络。

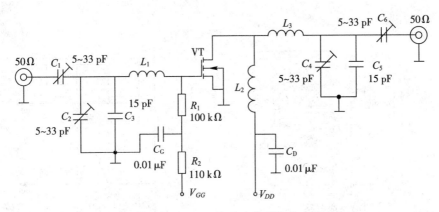

图 3-20 175MHz VMOS 场效应管谐振功率放大电路

3.5 丁类和戊类功率放大器

高频功率放大器的主要要求是如何尽可能地提高它的输出功率与效率。只要将效率稍许提高一点,就能在同样的电源功率条件下,大大提高输出功率。甲、乙、丙类放大器沿着不断减小电流导通角 θ 的途径来不断提高放大器效率。但是,θ 的减小是有一定限度的。因为 θ 太小时,效率虽然很高,但因 I_{cm1} 下降太多,输出功率反而下降。要想维持不变,就必须加大激励电压,这又可能因激励电压过大,而引起管子的击穿。因此必须另辟蹊径。在这一节中,我们介绍一类开关型高频功率放大器,这里有源器件不是作为电流源,而是作为开关使用的,这类功放有丁类和戊类等。这类放大器采用固定 θ 为 90°,以尽量降低管子的耗散功率的办法,来提高功率放大器的效率。

图 3-21 所示丁类放大器是由两个晶体管组成的,它们轮流导电,来完成信号放大任务。控制晶体管工作于开关状态的激励电压波形可以是正弦波,也可以是方波。丁类放大器有两种类型的电路:一种是电流开关型,另一种是电压开关型。下面以电压开关型为例介绍丁类功率放大器的工作原理。

图 3-21(a)所示为电压开关型丁类放大器原理电路。图中输入信号电压 u_i 是角频率为 ω 的方波或幅度足够大的余弦波。通过变压器产生两个极性相反的推动电压 u_{b1} 和 u_{b2},分别加到两个特性相同的同类型放大管的输入端,使得两管在一个信号周期内轮流地饱和导通和截止。L、C 和外接负载 R_L 组成串联谐振回路。

图 3-21(a)可以简化为图 3-21(b)所示电路,图中 R_{s1} 与 R_{s2} 分别代表两个晶体管导通时的内阻。设 VT_1 和 VT_2 管的饱和压降为 U_{CES},则当 VT_1 管饱和导通时,A 点对地电压为

$$u_A = V_{CC} - U_{CES} \qquad (3-31)$$

而当 VT_2 管饱和导通时

$$u_A = U_{CES} \qquad (3-32)$$

因此,u_A 是幅值为 $V_{CC} - 2U_{CES}$ 的矩形方波电压,它是串联谐振回路的激励电压,如图 3-21(c)所示。当串联谐振回路调谐在输入信号频率上,且回路等效品质因数 Q 足够高时,通过回路的仅是 u_A 中基波分量生产的电流 i,它是角频率为 ω 的余弦波,而这个余弦波电流只能是由两个晶体管分别导通时的半波电流 i_{C1}、i_{C2} 合成。这样,负载 R_L 上就可获得与 i。相同波

形的电压 u_o 输出。

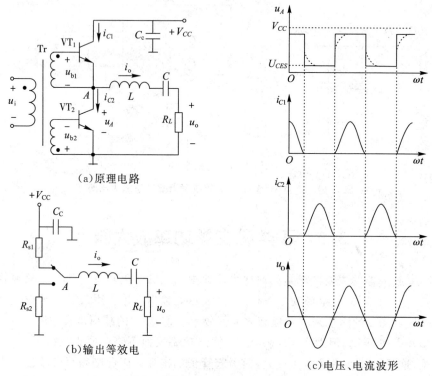

（a）原理电路

（b）输出等效电

（c）电压、电流波形

图 3-21　电压开关型丁类放大器原理图与电压、电流波形

丁类放大器的优点是谐波输出较小、效率高、输出功率大。但由于晶体管结电容和电路分布电容的影响，晶体管的开关转换不可能在瞬间完成，u_A 的波形会有一定的上升沿和下降沿，如图 3-21（c）中虚线所示。这样，晶体管的耗散功率将增大，放大器实际效率将下降，这种现象随着输入信号频率的提高而更趋严重。为了克服上述缺点，在丁类放大器的基础上采用特殊设计的输出回路，构成戊类放大器。

戊类功率放大器由工作在开关状态的单个晶体三极管构成，其基本电路如图 3-22 所示。图中 R_L 为等效负载电阻，L_C 为高频扼流圈，用以使流过它的电流恒定；L、C 为串联谐振回路；C_1 为外加补偿电容，以使放大器获得所期望的性能，同时也消除了在丁类放大器中由晶体管的输出电容 C_0 所引起的功率损失，因而提高了放大器的效率。

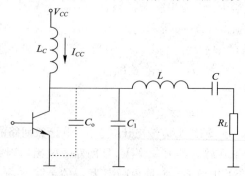

图 3-22　戊类功率放大器原理图

3.6　集成高频功率放大器及其应用

在射频和非线性状态下工作的射频功率放大器和各种功能部件的设计与实际电路指标差距较大,其复杂度远高于中频放大器设计,通常还要通过大量的调整、测试工作,才能使它们的性能达到设计要求。目前国内外的制造厂商制造了大量有完善封装的射频模块放大器。在设计射频系统时,可以根据有关公司提供的模块手册,选用合适的模块,(设计相应的外围电路)把它们固定在电路板上,便可构成满足设计要求的射频系统,这就大大地简化了射频系统的设计。

日本三菱公司的 M57704 系列和美国 Motorola 公司的 MHW 系列是超短波频段集成功率放大器模块的代表产品。这些组件体积小、可靠性高,输出功率一般在几瓦至几十瓦之间。其中三菱公司的 M57704 系列是一种厚膜集成电路,它有很多型号,频率范围在 $335 \sim$ 512MHz,可用于调频移动通信系统,其内部结构如图 3-23 所示,它分为三级放大电路,级间匹配网络由微带线和 LC 元件混合组成。

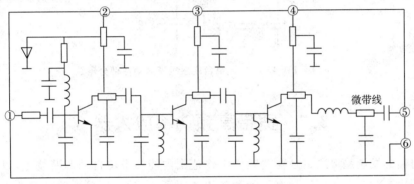

图 3-23　MS7704 系列内部结构

微带线又称"微带传输线",是用介质材料把单根带状导体与接地金属板隔离而构成的。它的电性能,如特性阻抗、带内波动、损耗和功率容量等都与绝缘基板的介电系数、基板厚度和带状导体宽度有关。实际使用时,微带线采用双面敷铜板,在上面做出各种图形,构成电感、电容等各种微带元件,从而组成谐振回路、滤波器及阻抗变换器等。

用 M57704 集成功放构成的应用电路如图 3-24 所示,它是 TW-42 超短波电台发射机高频功放部分。其工作频率为 $457.7 \sim 458$MHz,发射功率为 5W。0.2W 等幅调频信号由 M57704 引脚 1 输入,经功率放大后输出,一路经微带匹配滤波后通过二极管 D_{115} 送到多节 LC 匹配网络,然后由天线发射出去;另一路经 D_{113}、D_{114} 检波、VT_{104}、VT_{105} 直流放大后,送给 VT_{103} 调整管,然后作为控制电压从 M57704 的 2 脚输入,调节第一级功放的集电极电源,以稳定整个集成功放的输出功率。第二、三功放的集电极电源是固定的 13.8V。

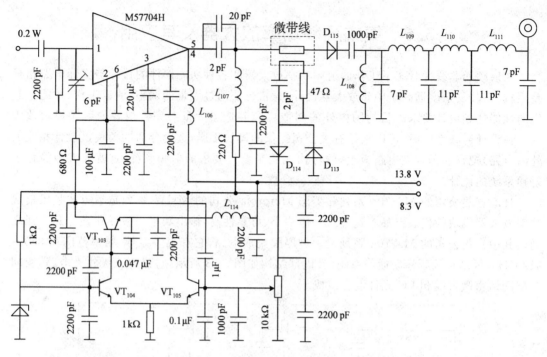

图 3-24　TW-42 超短波电台发射机高频功放部分电路

3.7　宽带高频功率放大器

　　现代通信的发展趋势之一是在宽频段工作范围内能够采用自动调谐技术,以便于迅速转换工作频率。对此上述谐振功率放大器就不适用了,这时必须采用无需调节工作频率的宽带高频功率放大器。由于无选频滤波性能,宽带功率放大器只能工作在非线性失真较小的甲类状态(或乙类推挽),其效率低,输出功率小,因此常采用功率合成技术,实现多个功率放大器的联合工作,获得大功率的输出。

　　最常见的宽带高频功率放大器是结合传输线原理与变压器原理组成的传输线变压器。

3.7.1　传输线变压器

一、传输线变压器的工作原理

　　传输线变压器与普通的变压器相比,其主要特点是工作频带极宽,它的上限频率可高到上千兆赫,频率覆盖系数(即上限频率对下限频率的比值)可大于几万,而普通高频变压器的上限频率只能达到几十兆赫,频率覆盖系数只有几百。

　　传输线变压器是用传输线绕在高磁导率、低损耗的磁环上构成,如图 3-25(a)所示为1:1传输线变压器的结构示意图。传输线可采用扭绞线、两根紧靠的平行线、带状传输线或同轴线等,而磁环一般由镍锌高频铁氧体制成,其半径小的只有几毫米,大的有几十毫米,视功率大小而定。这种变压器具有结构简单、轻便、价廉、频带宽等特点。

　　根据传输线理论可知,只要传输线无损且匹配(所谓匹配,是指外接负载 R_L 和输入信号

内阻 R_S 均等于传输线的特性阻抗 Z_C，理想无耗传输线的 Z_C 为纯电阻），无论加在其输入端的信号是什么频率，只要输入信号源 u_S 和 R_S 不变，信号源向传输线始端供给的功率就不变，它通过传输线全部被 R_L 所吸收。因此可以认为无耗和匹配传输线具有无限宽的工作频带（上限频率为无穷大，下限频率为零）。在实际情况下，传输线的终端要做到严格匹配是困难的，因而它的上限频率总是有限的。为了扩展它的上限频率，首先应使 R_L 和 R_S 尽可能接近 Z_C，其次应尽可能缩短传输线的长度。工程上要求传输线的长度为最小工作波长的 1/8，在满足上述条件下，可以近似认为传输线输入和输出端口的电压大小相等、相位相同，电流 $i_{1,2} = i_{4,3}$。

图 3-25（b）是传输线变压器的电路表示形式，图 3-25（c）是用普通变压器表示的电路形式。为了比较，它们的初、次级都有一端接地。图 3-25（b）和图 3-25（c）在电路连接上完全相同。由图 3-25（c）可以看出，如果是普通变压器，则负载 1、2 两端可以对地隔离，也可以任意一端接地。但作为传输线变压器，则必须是 1、4（或 2、3）两端同时接地才行。

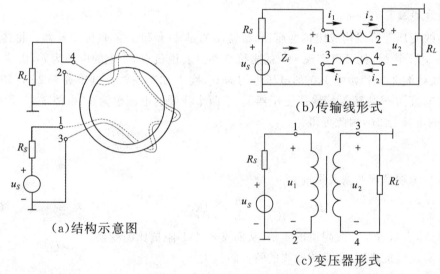

（a）结构示意图

（b）传输线形式

（c）变压器形式

图 3-25　1:1 传输线变压路

在图 3-25（b）所示传输线变压器中，信号电压 u_1 加在传输线始端 1、3 的同时也加到线圈 1、2 两端，负载也 R_L 接到线圈 3、4 端，传输线变压器同时按变压器方式工作。由于电磁感应，负载 R_L 上也获得了与 u_1 大小相等的感应电压 u_2，不过 u_1 与 u_2 反相。此时，在 1、3 端和 2、4 端的相对电压仍分别为 u_1 和 u_2，从而又保证了传输线工作方式的电压关系。综上所述，也就是说由电压源端 1、3 看来的阻抗应等于负载阻抗 R_L，但输出电压与输入电压反相，所以它相当于一个 1:1 阻抗反相变压器（1:1 倒相器）。

二、传输线变压器的功能

传输线变压器除了可以实现 1:1 倒相作用外，还可实现 1:1 平衡和不平衡电路的转换、阻抗变换等功能。

1. 平衡和不平衡电路的转换

传输线变压器用以实现 1:1 平衡和不平衡电路转换，如图 3-26 所示。图 3-26（a）所示为不平衡输入信号源，通过传输线变压器得到两个大小相等、对地反相的电压输出；

图 3-26(b)所示为对地平衡的双端输入信号,通过传输线变压器转换为对地不平衡的电压输出。

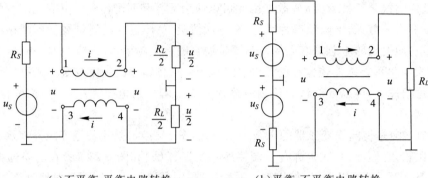

（a）不平衡-平衡电路转换　　　　　（b）平衡-不平衡电路转换

图 3-26　平衡和不平衡电路的转换

2. 阻抗变换

传输线变压器可以构成阻抗变压器,最常用的是 4∶1 和 1∶4 阻抗变换器。将传输线变压器按图 3-27 接线,就可以实现 4∶1 的阻抗变换。若设负载 R_L 上的电压为 u,由图 3-27 可见,传输线终端 2、4 和始端 1、3 的电压也均为 u,则 1 端对地输入电压等于 $2u$。如果信号源提供的电流为 i,则流过传输线变压器上、下两个线圈的电流也为 i,由图 3-27 可知,通过负载 R_L 的电流为 $2i$,因此可得

$$R_L = \frac{u}{2i} \tag{3-33}$$

而信号源端呈现的输入阻抗为

$$R_i = \frac{2u}{i} = 4\,\frac{u}{2i} = 4R_L \tag{3-34}$$

可见,输入阻抗是负载阻抗的 4 倍,从而实现 4∶1 阻抗比的变换。

为了实现阻抗匹配,要求传输线的特性阻抗为

$$Z_C = \frac{u}{i} = 2\,\frac{u}{2i} = 2R_L \tag{3-35}$$

如将传输线变压器按图 3-28 接线,则可实现 1∶4 阻抗变换。由图 3-28 可知:

$$R_L = \frac{2u}{i} \tag{3-36}$$

信号源呈现的输入阻抗为

$$R_i = \frac{u}{2i} = \frac{1}{4} \cdot \frac{2u}{i} = \frac{R_L}{4} \tag{3-37}$$

可见,输入阻抗 R_i 为负载电阻 R_L 的 1/4,实现了 1∶4 的阻抗变换。

为了实现阻抗匹配,要求传输线的特性阻抗为

$$Z_C = \frac{u}{i} = \frac{1}{2} \cdot \frac{2u}{i} = \frac{R_L}{2} \tag{3-38}$$

根据相同原理,可以采用多个传输线变压器组成 9∶1、16∶1 或 1∶9、1∶16 的阻抗变换器。

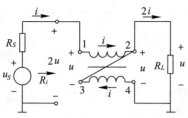
图 3-27　4∶1 传输线变压器

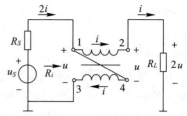
图 3-28　1∶4 传输线变压器

3.7.2　功率合成技术

一、功率合成与分配

图 3-29 所示为一个输出为 60 W 的功率合成器的组成框图。它是由功率放大器、功率分配网络和功率合成网络组成。图中 A 为单元放大器,H 为功率合成与分配网络,R 为平衡电阻。由图 3-29 可见,功率为 1 W 的信号经过 A₁ 放大后,输出 6 W 功率,经分配网络 H₁ 分成两路,每路各输出 3 W 功率。上边一路经 A₂ 放大、H₂ 网络分配,又分别向 A₃、A₄ 输出 7.5 W 功率,然后再经 A₃、A₄ 放大及 H₄ 网络合成,得到 30 W 功率输出。下边一路也经 A 的放大 H 网络的分配和合成,得到 30 W 的功率输出。上、下两路输出 30 W 功率经 H₆ 网络的合成,向总的负载输出 60 W 功率输出。不过,考虑到网络可能匹配不理想及电路元件的损耗,实际输出功率小于 60 W。以图 3-29 为基础,依次类推,可以通过小功率放大器的功率合成,输出更大的功率。

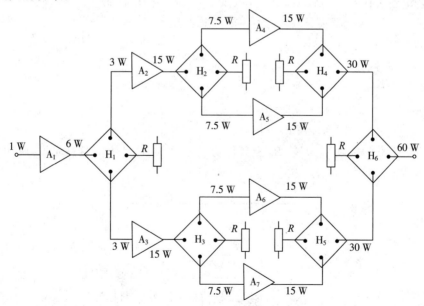
图 3-29　功率合成器的原理图

当一路信号需要放大到足够大功率时,且没有能用的放大器满足需要,先将这路信号分配到可以实现的 N 路小功率放大器上,再将 N 路放大器输出两两合成,最终即可获得所需功率。

功率分配则是功率合成的反过程,其作用是将某信号功率平均、互不影响地分配给各个独立负载。在任一功率合成器中,实际上也包含了一定数量的功率分配器,如图 3-29 中 H_1、H_2 等网络。

功率合成网络和分配网络多以传输变压器为基础构成,两者的区别仅在于端口的连接方式不同。因此,通常又把这类网络统称为"混合网络"。

一个理想的功率合成器应满足以下条件:

(1)如果每个放大器的输出幅度相等,供给匹配负载的额定功率均为 P_1,那么,N 个放大器在负载上的总功率应为 NP_1

(2)合成器的输入端应彼此隔离,其中任何一个功率放大器损坏或出现故障时,对其他放大器的工作状态不发生影响。

(3)当一个或数个放大器损坏时,要求负载的功率下降要尽可能的小。

(4)满足宽频带工作要求。在一定通频带范围内,功率输出要平稳,幅度及相位变化不能太大,同时保证阻抗匹配要求。

二、功率合成网络

图 3-30 所示是一个反相激励功率合成网络。图中 R_c 为混合网络的平衡电阻,R_d 为合成器负载。为了实现阻抗匹配,通常 $R_a = R_b = Z_c = R$,$R_c = Z_c/2 = R/2$,$R_d = 2Z_c = 2R$。此时,A、B 两端加以反相激励电压,此时功率在 D 端合成,R_d 上获得两功率源合成功率,而 C 端无输出。

根据传输线变压器两线圈中的电流大小相等,方向相反的原则在图中表示出各个电流的流向。若电路工作在平衡状态,即 $i_a = i_b$,$u_a = u_b$,并且有

在 A 点 $\qquad i_a = i_t + i_d$ (3-39)

在 B 点 $\qquad i_b = i_d - i_t$ (3-40)

由式(3-39),(3-40),可得

$$\left.\begin{array}{l} i_t = 0 \\ i_d = i_a = i_b \\ u_d = u_a = u_b \end{array}\right\} \tag{3-41}$$

可见,R_c 上获得的功率为零,R_d 上获得功率为 $P_d = P_a + P_b$,这就是说,两功率源输入的功率全部传输到负载 R_d 上。

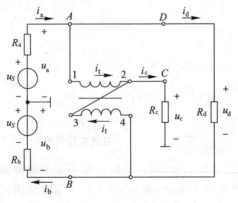

图 3-30 反相激励合成网络

当一个功率源发生故障(如 B 端),其对应激励为零时,功率合成器的状态将发生怎样的变化? 如图 3-31 所示是只有 A 端激励信号输入的工作情况。

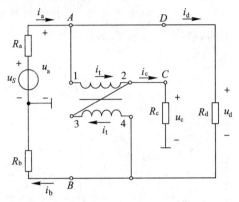

图 3-31　只有 A 端激励的合成网络

由于 A、B 两端的不对称性,流过 A 点的电流和流过 B 点的电流不再相等。其电流关系为

$$\left. \begin{array}{l} i_{\mathrm{a}} = i_{\mathrm{d}} + i_{\mathrm{t}} \\ i_{\mathrm{d}} = i_{\mathrm{t}} + i_{\mathrm{b}} \\ i_{\mathrm{c}} = 2i_{\mathrm{t}} \end{array} \right\} \tag{3-42}$$

根据变压器模式,R_{d} 可折合到 1、2 两点之间,其阻抗值为 $R_{\mathrm{d}}/4 = R/2$,恰好等于 R_{c}。这两个电阻串联,将 u_{s} 等分,因此变压器 1、2 两端间的电压为 $u_{\mathrm{s}}/2$ 。由传输线原理,3、4 两点间的电压应等于 $u_{\mathrm{s}}/2$,C 端到地的电压应等于 $u_{\mathrm{s}}/2$,即

$$2i_{\mathrm{t}}R_{\mathrm{c}} = \frac{u_{\mathrm{s}}}{2} \tag{3-43}$$

另一方面,从 C 端经过 2、4 两端,由 B 到地的电压应为

$$2i_{\mathrm{t}}R_{\mathrm{c}} = \frac{u_{\mathrm{s}}}{2} + i_{\mathrm{b}}R_{\mathrm{b}} \tag{3-44}$$

由于公式 (3-43) 与 (3-44) 应相等,因此必有 $i_{\mathrm{b}} = 0$ 。
于是可得

$$i_{\mathrm{t}} = i_{\mathrm{d}} = i_{\mathrm{a}}/2 \tag{3-45}$$

因此可见,A 端功率均匀分配到 C 端和 D 端,B 端无输出,即 A,B 两端互相隔离。

若 A、B 端两个输入功率源电压相位相同,则称为同相功率合成器,应用上述类似的分析方法,可得 C 端有合成功率输出,而 D 端无输出。同样的,当其中一个激励信号源为零时,单一输入的激励功率将均匀分配到 C 端和 D 端,非激励端无输出。

三、功率分配网络

最常见的功率分配网络是功率二分配器。图 3-32(a) 所示为功率二分配器的原理图,它可实现同相功率分配。该电路与图 3-30 所示功率合成电路相似,它们的区别仅在于分配网络的信号功率由 C 端输入,两个负载 R_{a}、R_{b} 则分别接 A 端和 B 端,D 为平衡端。

通常取:$R_{\mathrm{a}} = R_{\mathrm{b}} = R = Z_{\mathrm{c}}$,$R_{\mathrm{c}} = \dfrac{Z_{\mathrm{c}}}{2} = \dfrac{R}{2}$,$R_{\mathrm{d}} = 2Z_{\mathrm{c}} = 2R$

为了分析方便，可将图 3-32(a) 所示传输线变压器改画成自耦变压器形式，如图 3-32 (b) 所示，可见 A、B 两端的电位应该是大小相等，相位相同的，因此 D 端无输出。

如果将信号功率由 D 端引入，A、B 仍为负载端，A、B 端将等分输入信号功率，但此时 A 端和 B 端的输出电压是反相的，故称为"反相功率分配器"。

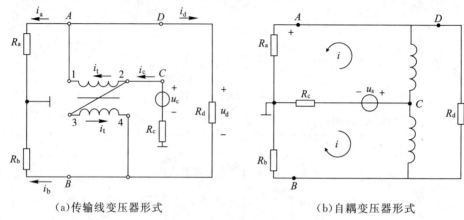

（a）传输线变压器形式　　　　　　　　　　　（b）自耦变压器形式

图 3-32　同相功率分配网络

必须指出，同相和反相功率分配器中，当 $R_a \neq R_b$ 时，功率放大器的输出功率就不能均等地分配到 R_a、R_b 上。

3.7.3　功率合成电路举例

图 3-33 所示是一个反相功率合成器的典型电路，它是一个输出功率为 75W、带宽为 30～75MHz 的放大电路的一部分。图中 Tr_2 是功率分配网络，Tr_5 是功率合成网络，网络各端仍用 A、B、C、D 来标明。Tr_3 与 Tr_4 是 4:1 阻抗变换器，它的作用是完成阻抗匹配。Tr_1 与 Tr_6 是 1:1 传输变变压器，作用是起平衡－不平衡转换。

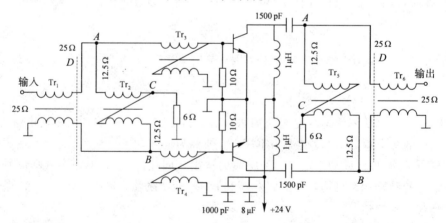

图 3-33　反相功率合成器典型电路

由图可知，Tr_2 是功率分配网络，在输入端由 D 端激励，A、B 两端得到反相激励功率，再经 4:1 阻抗变换器与晶体管的输入阻抗（约 3Ω）进行匹配。两个晶体管的输出功率是反相的。对于合成网络 Tr_5 来说，A、B 端获得反相功率，在 D 端即获得合成功率输出。在完全匹配时,输入和输出的分配和合成网络的 C 端不会有功率损耗。但是在匹配不完善和不完全对称的情况下,C 端还是有功率损耗的。C 端连接的电阻(6Ω)即为吸收这不平衡功率这用,称为假负载电阻。每个晶体管基极到地的电阻是用来稳定放大器,防止寄生振荡用的。

3.8 高频谐振功率放大器的仿真

谐振功率放大器的工作状态、输出功率及效率等都与集电极负载回路的谐振电阻、输入信号的幅度、基极偏置电压以及集电极电源电压的大小密切相关。本节将在 Multisim 平台上,利用仿真技术通过对输入信号的幅度控制来观察谐振功率放大器的集电极电流的变化,从而判定谐振功率放大器的工作状态。

在 Multisim 工作区创建高频谐振功率放大器电路,并添加了虚拟示波器和信号源,仿真电路图如图 3-34 所示,调节信号源发生器,使输入信号 $f_i = 465\text{kHz}$。放大器的基极偏置电压是利用发射极电流的直流分量在射级电阻上产生的压降来提供的,故称为"自给偏压电路"。它的优点是利用 R_e 上产生的直流负反馈作用,自动维持放大器的稳定工作。缺点是由于 R_e 上建立了直流偏置,减小了电源电压的利用率,所以,R_e 不宜取得过大,以免影响放大器的输出功率。为方便用示波器显示集电极电流波形,在发射极上又加了一交流负反馈小电阻 R_f,这样可以通过测量 R_f 上的电压间接显示电流波形。集电极直流馈电采用串馈形式。L、C、C_j 和负载电阻 R_L 构成并联谐振回路,通过微调可变电容 C_j 使谐振功率放大器工作于谐振状态。

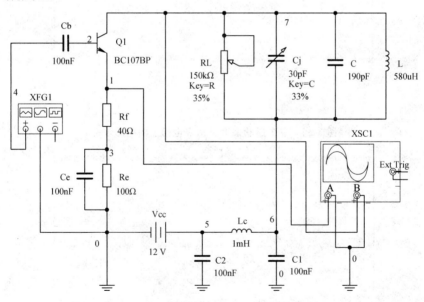

图 3-34 高频谐振功率放大器仿真电路图

当信号源输入幅度为 500mV 时,观察集电极电压的波形和发射极电阻上的电压波形如图 3-35 和 3-36 所示。由图 3-36 可知,集电极电流的波形为无失真的尖顶余弦脉冲,可判定谐振功率放大器工作在欠压状态。当信号源输入幅度为 600mV 正弦信号时,观察发射极电阻上的电压波形,如图 3-37 所示,波形变成凹顶脉冲,说明谐振功率放大器工作在过压状态。小心调整信号源输入幅度,观察发射极电阻上的电压波形,可取谐振功率放大器处于临界状态时的信号源输入幅度为 580mV 。

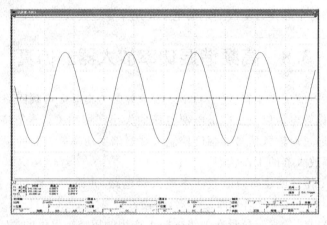

图 3-35　谐振功率放大器集电极输出电压波形

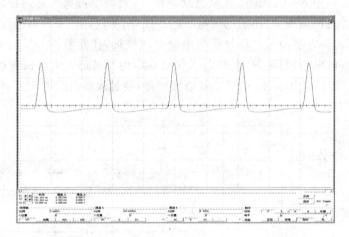

图 3-36　在欠压状态时发射极电阻上的电压波形

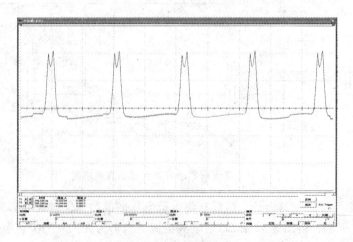

图 3-37　在过压状态时发射极电阻上的电压波形

在仿真时,还可以通过改变集电极电源电压,发射极电阻以及集电极负载回路的谐振电阻参数来观察集电极输出电压幅度和集电极电流的变化情况。另外,也可以在仿真电路中接入瓦特计测量出输出功率和直流功率,计算出效率。通过仿真,并与 3.3 节中相关结论作对照,加深对高频功率放大器的理解。

本章小结

高频功率放大器为非线性放大器,其主要指标为输出功率和效率。为了获得足够高的效率,高频功率放大器通常工作在丙类状态,此时,晶体管的发射结处于反向偏置状态,流过晶体管集电极的电流为余弦脉冲形式,通过集电极谐振负载的选频作用,选出基波信号,从而实现无失真的信号传输。

高频功率放大器按其动态工作范围是否进入晶体管的饱和区,将其工作状态分为欠压、临界和过压三种工作状态。当放大器的负载、输入信号幅度或电源电压发生变化时,工作状态会发生相应变化,并引起集电极电流、电压及功率和效率的变化。不同的工作状态适应不同的应用场合。高频功率放大器通常工作在临界状态,此时,输出功率较大,效率较高。

一个完整的高频功率放大器应由功放管、馈电电路和匹配网络等组成。馈电电路保证将电源电压正确地加到晶体管上,匹配网络完成选频、滤波和阻抗变换等功能。

宽带高频功率放大器中,级间用传输线变压器作为宽带匹配网络,同时采用功率合成技术,实现多个功率放大器的联合工作,从而获得大功率输出。

习题 3

3—1　导通角怎样确定?它与哪些因素有关?导通角变化对谐振功率放大器输出功率有何影响?

3—2　谐振功率放大器中,欠压、临界和过压工作状态是根据什么来划分的?它们各有何特点?

3—3　谐振功率放大器原来工作在临界状态,若集电极回路稍有失谐,放大器的 I_{C0}、I_{cm1} 将如何变化? P_c 将如何变化?有何危险?

3—4　实测一谐振功率放大器,发现 P_o 仅为设计值的 20%,而 I_{C0} 却略大于设计值,问此时该放大器工作于什么状态?如何调整才能使 P_o 和 I_{C0} 接近于设计值?

3—5　谐振功率放大器原工作在临界状态,若负载电阻 R_p 突然变化:(a)增大一倍,(b)减小一半,其输出功率 P_o 将如何变化?并说明理由。

3—6　某一晶体管谐振功率放大器,设已知 $V_{CC} = 24\text{V}$, $I_{C0} = 250\text{mA}$, $P_o = 5\text{W}$,电压利用系数 $\xi = 1$。试求 P_D, η_C, I_{cm1} 及电流导通角 θ。

3—7 已知晶体管放大器工作临界状态，$R_p = 200\Omega$，$I_{C0} = 90\text{mA}$，$V_{CC} = 30\text{V}$，$\theta = 90°$。试求 P_o 和 η_C。

3—8 已知谐振功率放大器的 $V_{CC} = 24\text{V}$，$I_{C0} = 250\text{mA}$，$P_o = 5\text{W}$，$U_{cm} = 0.9V_{CC}$，试求该放大器的 P_D、P_c、η_C 以及 I_{cm1}、$i_{C\text{max}}$、θ。

3—9 已知 $V_{CC} = 12\text{V}$，$V_{BZ} = 0.6\text{V}$，$V_{BB} = -0.3\text{V}$，放大器工作在临界状态，$U_{cm} = 10.5\text{V}$，要求输出功率 $P_o = 1\text{W}$，$\theta = 60°$，试求该放大器的谐振电阻 R_p、输入电压 U_{bm} 及集电极效率 η_C。

3—10 谐振功率放大器的电源电压 V_{CC}、集电极电压 U_{cm} 和负载电阻 R_p 保持不变，当导通角 θ 由 $100°$ 减少 $60°$ 为时，效率 η_C 提高了多少？相应的集电极电流脉冲幅度值减少了多少？

3—11 谐振功率放大器原来工作于临界状态，它的导通角 θ 为 $70°$，输出功率为 3W，效率为 60%。后来由于某种原因，性能发生变化。经实测发现效率增加到 68%，而输出功率明显下降，但电源电压 V_{CC}、集电极电压 U_{cm} 和 $u_{BE\text{max}}$ 保持不变。试分析原因，并计算这时的实际输出功率和通角。

3—12 谐振功率放大器工作于临界状态，导通角 θ 为 $75°$，输出功率 P_o 为 30W，电源电压 V_{CC} 为 24V、晶体管的临界线斜率 g_{cr} 为 1.67S。试求：(1)集电极效率 η_C 和负载电阻 R_p。(2)输入信号的频率减小一半，而保持其他条件不变，问功率放大器变为什么工作状态？其输出功率和集电极效率各为多少？

3—13 如题 3-13 图所示是 L 型网络，它作为谐振功率放大器的输出回路，工作频率为 2MHz。已知天线线圈的等效电阻 $r_A = 8\Omega$，等效电容 $C_A = 500\text{pF}$，天线线圈的品质因数为 100。若放大器要求 $R_p = 80\Omega$，求 L 和 C。

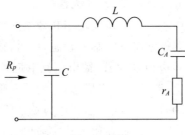

题 3-13 图

3—14 试画出一高频功率放大器的实际电路。要求：

(1)采用 NPN 型晶体管，发射极直接接地。

(2)集电极用并联馈电，与振荡回路抽头连接。

(3)基极用串联馈电，自偏压，与前极互感耦合。

3—15 试求如题 3-15 图所示各传输线变压器的阻抗变换关系及相应的特性阻抗。

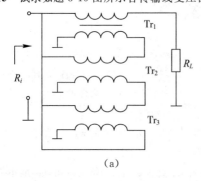

（a）

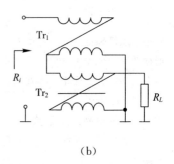

（b）

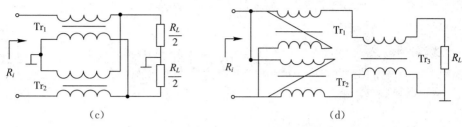

题 3-15 图

3—16　一功率四分配器如题 3-16 图所示。试分析电路工作原理，并写出 R_L 与各电阻之间的关系。

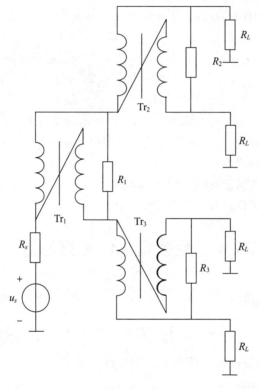

题 3-16 图

正弦波振荡器

振荡电路的功能是不需要外加输入信号的控制,电路本身自动将直流电源提供的能量转换为所需要的交流能量输出,用于产生一定频率、幅度和波形的交流信号。振荡器的种类很多,根据产生振荡波形的不同,可分为正弦波振荡器和非正弦波振荡器。正弦波振荡器的功能是在没有外加输入信号的条件下,电路将直流电能转换为一定频率、振幅的正弦波信号输出。正弦波振荡器按工作原理可分为反馈型振荡器和负阻型振荡器两大类。反馈型振荡器是在放大电路中加入正反馈,由放大器和具有选频作用的正反馈网络组成。负阻型振荡器是由呈现负阻特性的有源器件与谐振电路组成,产生振荡。

振荡器的用途十分广泛。在无线电通信、广播和电视设备中,正弦波振荡器用来产生所需要的载波和本机振荡信号;各种电子测量仪器如信号发生器、数字式频率计等,其核心部分都离不开正弦波振荡器。

振荡电路的主要技术指标有振荡频率、频率稳定度、振荡幅度和振荡波形等,其中频率的准确性和稳定度最为重要。对于不同的设备,在稳定度上的要求也不一样。

4.1 反馈型 LC 振荡原理

4.1.1 振荡的建立与起振条件

图 4-1 所示为反馈振荡器构成框图,是在放大和反馈的基础上构成的。由图可知,当开关 S 接通 1 端时,在放大器的输入端外加一正弦波信号 $\dot{U}_i$,经放大器放大后产生输出信号 $\dot{U}_o$,再经反馈网络得到反馈电压 $\dot{U}_f$。若 $\dot{U}_f$ 的振幅和相位与原输入信号完全相同,则撤去外加信号 $\dot{U}_i$,将 S 转接到 2 端,放大器将继续维持工作,从而产生自激振荡。

放大器的电压增益 $\dot{A}$ 为输出电压 $\dot{U}_o$ 和输入电压 $\dot{U}_i$ 的比值,即 $\dot{A} = \dot{U}_o/\dot{U}_i = Ae^{j\varphi_A}$。其中 A 为电压增益的模,φ_A 为放大器引入的相移,表示 $\dot{U}_o$ 和 $\dot{U}_i$ 的相位差。另外,令 $\dot{F} = \dot{U}_f/\dot{U}_o = Fe^{j\varphi_F}$ 称为反馈系数,其中,F 为反馈系数的模,φ_F 为 $\dot{U}_f$ 和 $\dot{U}_o$ 的相位差。此时,闭合环路增益为 $\dot{A}_f = \dot{A}\dot{F}$。若满足 $AF = 1$,$\varphi_A + \varphi_F = 2n\pi(n = 0,1,\cdots,n)$ 时,可得 $\dot{U}_f = \dot{U}_i$。再将 S 接通 2,此时放大器与反馈网络就构成了振荡器,即在没有 $\dot{U}_i$ 输入的条件下,放大器仍有输出电压 $\dot{U}_o$。但电路此时不是单纯的放大器,而成为一个振荡器。可见,振荡器维持振荡的条件是:

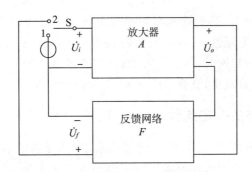

图 4-1　反馈振荡器构成框图

$$AF = 1 \qquad\qquad (4-1)$$
$$\varphi_A + \varphi_F = 2n\pi(n = 0,1,\cdots,n) \qquad\qquad (4-2)$$

作为自激振荡器,原始输入电压 $\dot{U}_i$ 是如何提供的呢?在振荡电路接通电源的瞬间,振荡环路内产生的微弱电扰动(放大器内部的热噪声、电路中出现的窄脉冲等),都可以当作放大器的初始输入信号。由于这些微弱电扰动信号具有很宽的频谱,为使振荡器输出固定频率的正弦波,就要反馈振荡器内必须含有选频网络,使得只有选频网络中心频率的信号满足维持振荡的条件,而其他频率的信号被抑制。因为回路具有选频作用,回路两端只建立振荡频率等于回路谐振频率的正弦电压 $\dot{U}_o$,该信号经反馈网络回送到输入端。若反馈信号幅度比原来的大,则再经过放大、反馈,使回送到输入端信号的幅度进一步增大,从而建立起自激振荡。

为了得到自激振荡的输出电压,使振荡能建立起来,电路必须满足

$$A_0F > 1 \qquad\qquad (4-3)$$
$$\varphi_A + \varphi_F = 2n\pi(n = 0,1,2,\cdots,n) \qquad\qquad (4-4)$$

其中,A_0 是当电源接通时的电压增益。式(4-3)是起振的振幅条件,式(4-4)是起振的相位条件。

$A_0F > 1$ 是使振荡为增幅振荡的条件。输出信号经放大和反馈后,在输入端得到的信号比原输入信号要大,即振荡从弱小电压经过多次放大、反馈后增大,说明自激振荡建立起来。$\varphi_A + \varphi_F = 2n\pi(n = 0,1,2,\cdots,n)$ 是使振荡器闭环相位差为零的条件,即为正反馈。正反馈和增幅振荡就能保证振荡逐渐建立起来。

4.1.2　振荡的平衡与平衡条件

自激振荡器起振时 $A_0F > 1$ 是增幅振荡,由增幅振荡达到等幅振荡,称为"振荡达到平衡"。由于式(4-1)和式(4-2)是维持等幅振荡的条件,因此自激振荡的平衡条件是:

$$AF = 1 \qquad\qquad (4-5)$$
$$\varphi_A + \varphi_F = 2n\pi(n = 0,1,2,\cdots,n) \qquad\qquad (4-6)$$

式(4-5)是振幅平衡条件,表明振荡为等幅振荡。式(4-6)是相位平衡条件,表明振荡满足正反馈。

自激振荡电路是怎样保证由起振时的 $A_0F > 1$ 达到振荡平衡的 $AF = 1$ 的呢?因为晶体管是非线性器件,起振时输入振幅很小,可认为放大器工作于线性区。由于 $AF > 1$,反馈

回来的输入振幅会不断增大,谐振放大器的输出电压也不断增大,随着信号电压的不断增大,放大特性从线性变成非线性。同时,放大器在非线性放大特性下,其放大倍数随振荡幅度的增大而减小。因此在起振时,放大倍数比较大,满足 $A_0F > 1$,振荡幅度迅速增大,随着振荡幅度的增大,放大倍数减小,直到 $AF = 1$,振荡幅度不再增大,振荡器进入平衡状态。

4.1.3 振荡平衡状态的稳定条件

振荡器在工作过程中,电源电压波动、温度变化、噪声干扰等这些外界因素不可避免地对振荡器产生影响。这些外因会使放大器和回路参数发生变化,从而导致振荡器原来的平衡条件被破坏,振荡器在新的条件下需要建立新的平衡。当外因消失后,通过放大和反馈网络的不断循环,电路能自动返回原平衡状态,则表明原来的平衡状态是稳定的。反之,如果通过放大和反馈网络的不断循环,振荡器越来越偏离原来的平衡状态,则表明原来的平衡状态是不稳定的。平衡状态的稳定条件包含振幅稳定条件和相位稳定条件。

一、振幅平衡的稳定条件

要使振荡器振幅稳定,其在平衡点必须具有阻止振幅变化的能力。图 4-2 所示是反馈型振荡器满足振幅平衡稳定条件的环路增益特性。可见 Q 点满足振幅平衡条件 $AF = 1$。当外因使输入振幅 U_i 增大时,环路增益模值 A_f 减小,即 $AF < 1$,为衰减振荡,从而阻止 U_i 增大;当外因使输入振幅 U_i 减小时,A_f 增大,即 $AF > 1$,为增幅振荡,从而阻止 U_i 减小。因此 Q 点为稳定平衡点,原因是 A_f 随 U_i 变化的特性是负斜率,即

$$\left. \frac{\partial A_f}{\partial U_i} \right|_{U_i = U_{iQ}} < 0 \qquad (4-7)$$

式(4-7)就是振荡器的振幅平衡的稳定条件。满足振幅平衡稳定条件的反馈型振荡器具有稳幅作用,即当外因引起输出电压变化时,振荡器具有自动稳幅性能。

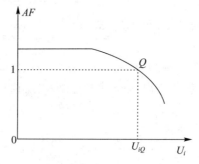

图 4-2 自激振荡的振荡特性

二、相位平衡的稳定条件

振荡器相位平衡条件是 $\varphi_A + \varphi_F = 2n\pi (n = 0, 1, 2, \cdots, n)$。在振荡器工作过程中,某些外因可能破坏这一平衡条件,造成相位发生变化,产生一个偏移量 $\Delta\varphi$。由于瞬时角频率是瞬时相位的导数,所以相位的变化也将引起振荡角频率的变化。为了保证振荡的相位平衡稳定,要求振荡器的相频特性 $\varphi_{AF}(\omega)$ 在振荡频率 ω_0 附近应为负的斜率特性,即具有阻止相位变化的能力,如图 4-3 所示。数学上可表示为:

$$\left. \frac{\partial \varphi_{AF}}{\partial \omega} \right|_{\omega = \omega_0} < 0 \qquad (4-8)$$

式(4-8)就是振荡相位平衡的稳定条件。一般在振荡频率点附近,可以认为放大器本身和反馈网络的相频特性为常数,所以要求选频网络应具有负斜率的相频特性。

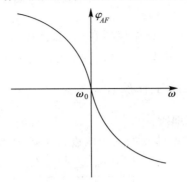

图 4-3　满足相位平衡稳定条件的相频特性

4.1.4　振荡电路举例——互感耦合振荡器

图 4-4 是最常用的反馈型 LC 振荡电路之一,因为它的正反馈信号是通过电感 L_1 和 L_2 之间的互感 M 来耦合的,所以通常称为"互感耦合振荡器",或称为"变压器反馈 LC 振荡器"。

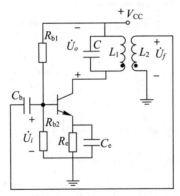

图 4-4　互感耦合振荡器

该振荡器由晶体管、L_1C 谐振回路构成选频放大器,放大器为反相放大器,L_1 和 L_2 间的互感构成反馈网络。在 L_1C 回路的谐振频率上,输出电压 $\dot{U}_o$ 与输入电压 $\dot{U}_i$ 反相,根据反馈线圈 L_1 的同名端可知,反馈电压 $\dot{U}_f$ 与 $\dot{U}_o$ 反相,考虑放大器为反相放大器,所以 $\dot{U}_f$ 与 $\dot{U}_i$ 同相,振荡闭合环路构成正反馈,满足了振荡的相位条件。所以只要电路设计合理,使得环路放大倍数在起振阶段大于 1 而满足振幅起振条件,就能产生正弦波振荡。

互感耦合振荡器的振荡频率可近似由谐振回路的 L_1 和 C 决定,因为只有在 L_1C 谐振回路频率上,电路才能满足振荡的相位条件。所以图 4-2 所示电路的振荡频率为

$$f_0 \approx \frac{1}{2\pi\sqrt{L_1C}} \tag{4-9}$$

4.2 LC 振荡电路

常用的 LC 振荡电路有互感耦合振荡器和三点式（又称"三端式"）振荡器。其中，互感耦合振荡器已在上节做了介绍，本节主要讨论三点式振荡电路。

4.2.1 三点式振荡器的基本工作原理

三点式振荡器的基本结构如图 4-5 所示。三个电抗元件 X_1、X_2、X_3 组成 LC 并联谐振回路，LC 回路的三个端点与晶体管的三个电极相连接，这样谐振回路既是晶体管的集电极负载，又是正反馈所需的反馈网络。因此，把这种电路称为三点式振荡器。

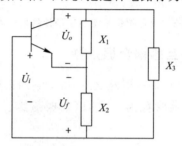

图 4-5 三点式振荡器的结构

根据谐振回路的性质，在回路谐振时应呈纯阻性，即有 $X_1 + X_2 + X_3 = 0$，所以电路中三个电抗元件不能同时为感抗或容抗，必须是两种不同性质的电抗元件组成。

在不考虑晶体管输入输出电阻、极间电容等参数的影响下，共发放大器的输出电压 $\dot{U}_o$ 与 $\dot{U}_i$ 反相，当谐振回路谐振时，要使电路满足相位平衡条件，即振荡电路构成正反馈，反馈电压 $\dot{U}_f$ 必须与 $\dot{U}_o$ 反相，与 $\dot{U}_i$ 同相。由图 4-3 有

$$\dot{U}_f = \dot{U}_o \frac{jX_2}{j(X_2 + X_3)} \tag{4-10}$$

由于 $X_2 + X_3 = -X_1$，所以 $\dot{U}_f = -\dfrac{X_2}{X_1}\dot{U}_o$。

因此可知三点式振荡电路的反馈系数为

$$\dot{F} = \frac{\dot{U}_f}{\dot{U}_o} = -\frac{X_2}{X_1} \tag{4-11}$$

可见，要使 $\dot{U}_f$ 与 $\dot{U}_o$ 反相，电抗 X_1 与 X_2 应为同性质的电抗元件。再由 $X_1 + X_2 + X_3 = 0$ 可知，X_3 必须是与 X_1（或 X_2）异性质的电抗元件。

综上所述，从相位平衡条件判断三点式振荡器能否振荡的原则为：

① X_1 与 X_2 的电抗性质必须相同。

② X_3 与 X_1、X_2 的电抗性质必须相异。

上述原则具体到电路中就是：与晶体管发射级相连的两个电抗元件必须是同性质的，而不与发射级相连的另一电抗元件为异性质电抗。根据这个原则，构成的三点式振荡器的基

本形式有两种,如图 4-6 所示。图 4-6(a)所示电路中 X_1 和 X_2 为容性,X_3 为感性,反馈网络是由电容元件完成的,称为"电容三点式振荡器",也称为"考毕兹(Colpitts)振荡器"。图 4-6(b)所示电路中,X_1 和 X_2 为感性,X_3 为容性,反馈网络是由电感元件完成的,称为"电感三点式振荡器","也称为哈特莱(Hartley)振荡器"。

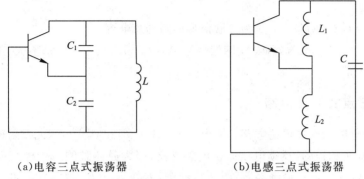

(a)电容三点式振荡器   (b)电感三点式振荡器

图 4-6 三点式振荡器

4.2.2 电容三点式振荡电器

图 4-7 所示是一电容三点式振荡电路。图中 C_1、C_2、L 并联谐振回路构成反馈选频网络,R_1,R_2,R_e 为偏置电阻,C_e 为旁路电容,C_b、C_c 为耦合隔直电容,L_c 为高扼流圈,反馈信号 $\dot{U}_f$ 取自电容 C_2 两端电压。

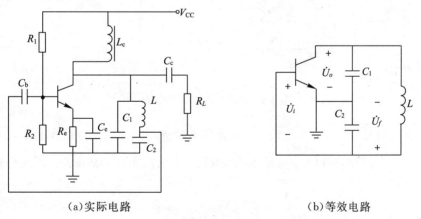

(a)实际电路   (b)等效电路

图 4-7 电容三点式振荡器

为了分析方便起见,可进行以下简化:

①忽略晶体管内部反馈的影响,因为外部的反馈作用远大于晶体管的内部反馈。

②忽略晶体管的输入、输出电容和输入、输出电导的影响。

电路的反馈系数 $\dot{F}$ 为

$$\dot{F} = \frac{\dot{U}_f}{\dot{U}_o} = -\frac{X_2}{X_1} = -\frac{C_1}{C_2} \tag{4-12}$$

由式(4-12)可知,如果增大 C_1 与 C_2 的比值,可以增大反馈系数值,有利于提高输出电压的幅度和起振,但是这样会使晶体管的输入阻抗影响增大,从而使谐振回路的等效品质因数下降,不利于起振。所以,F 一般选取 $0.1\sim0.5$。

当并联谐振回路谐振时,根据相位平衡条件可得振荡器的振荡频率 f_0 的近似式为

$$f_0 \approx \frac{1}{2\pi\sqrt{LC_{\sum}}} \qquad (4-13)$$

其中,$C_{\sum} = C_1C_2/(C_1+C_2)$ 为并联谐振回路的总电容。

如果考虑 g_{ie}、g_{oe}、g_L 等影响,实际振荡频率 $\omega_c > \omega_0$,只不过差值不大,工程上通常就用 ω_0 近似代替计算。

4.2.3 电感三点式振荡电路

图 4-8(a)是电感三点式振荡电路。因电源 V_{α} 处于交流地电位,因此发射极对高频来说是与 L_1、L_2 的抽头相连的,反馈电压取自电感支路,因为晶体管的三个极交流接于回路电感的三端,称为"电感三点式振荡器"。图 4-8(a)中,R_1、R_2、R_e 为偏置电阻,C_e 为旁路电容,C_c 为耦合隔直电容。画出它的交流通路如图 4-8(b)所示。

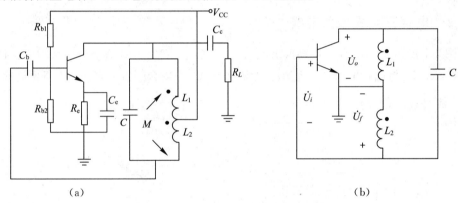

(a)   (b)

图 4-8　电感三点式振荡电路

由图 4-8(b)可见,当 L_1、L_2、C 并联回路谐振时,输出电压 $\dot{U}_o$ 与输入电压 $\dot{U}_i$ 反相,而反馈电压 $\dot{U}_f$ 与 $\dot{U}_o$ 反相,所以 $\dot{U}_f$ 与 $\dot{U}_i$ 同相,满足了振荡的相位平衡条件。因此得到电路的振荡频率 f_0 为

$$f_0 \approx \frac{1}{2\pi\sqrt{LC}} \qquad (4-14)$$

式中的 L 为回路的总电感,根据图 4-8(a)有 $L = L_1+L_2+2M$,M 为 L_1、L_2 之间的互感。

在不考虑晶体管输入、输出电容和输入、输出电导的影响下,振荡器的反馈系数为

$$\dot{F} = \frac{\dot{U}_f}{\dot{U}_o} = -\frac{X_2}{X_1} = -\frac{L_2+M}{L_1+M} \qquad (4-15)$$

电容三点式振荡器和电感三点式振荡器各自的优缺点如下。

①两种电路都比较简单,容易起振。

②电容三点式振荡电路的输出电压波形比电感三点式振荡电路的输出电压波形好。这

是因为在电容三点式振荡电路中,反馈是由电容产生的,高次谐波在电容上产生的反馈电压较小,输出电压中高频谐波电压小;而在电感三点式振荡电路中,反馈是由电感产生的,高次谐波在电感上产生的反馈电压降较大,输出电压中高频谐波电压大。

③电容三点式振荡电路的最高振荡频率一般比电感三点式振荡电路的要高。这是因为在电感三点式振荡电路中,晶体管的极间电容是与谐振回路电感并联的,在频率较高时,电感与极间电容并联,有可能其电抗性质变成容抗,这样就不能满足电感三点式振荡电路的相位平衡条件,电路不能振荡。在电容三点式振荡电路中,极间电容是与电容 C_1 与 C_2 并联的,频率变高不会改变容抗的性质,故能满足相位平衡条件。

因此,在电路应用中,电容三点式振荡电路的应用较为广泛。

4.2.4　改进型电容三点式振荡器

一、克拉泼(Clapp)振荡电路

在前述电容三点式振荡电路中,由于晶体管的输出电容 C_{oe} 和输入电容 C_{ie} 分别与回路电容 C_1、C_2 相并联。这些电容的变化直接影响到回路的谐振频率。因为 C_{oe}、C_{ie} 与工作状态和外界条件有关,所以当外因引起 C_{oe}、C_{ie} 变化时,将会引起回路总电容发生变化,从而引起振荡频率的变化。为了减小晶体管极间电容的影响,可采用克拉泼(Clapp)振荡电路,如图 4-9(a)所示,它是改进型电容三点式振荡电路。

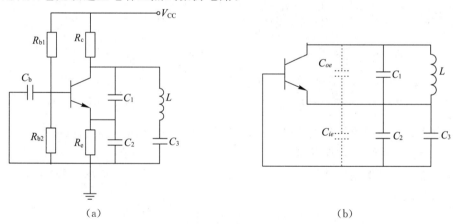

（a）　　　　　　　　　　　　　　　　　（b）

图 4-9　克拉泼振荡电路及其等效电路

与前述电容三点式振荡器电路相比较,克拉泼振荡电路的特点是在振荡回路中加一个与电感串接的小电容 C_3,并且满足 $C_3 \ll C_1$、$C_3 \ll C_2$,因此得回路总电容为

$$C_{\Sigma} = \frac{C_1 C_2 C_3}{C_1 C_2 + C_2 C_3 + C_1 C_3} \approx C_3 \qquad (4-16)$$

式(4-16)中略去了晶体管输入、输出电容的影响,因此振荡器的振荡频率 f_0 近似为

$$f_0 \approx \frac{1}{2\pi \sqrt{LC_{\Sigma}}} \approx \frac{1}{2\pi \sqrt{LC_3}} \qquad (4-17)$$

由此可见,C_1、C_2 对振荡频率的影响减小,那么与 C_1、C_2 相并接的晶体管输入、输出电容的影响也就很小,C_3 越小,振荡频率的稳定度就越高。但是,由于 C_3 的接入,使晶体管输出端与回路的耦合减弱,晶体管的等效负载减小,放大器的放大倍数下降,这样对起振是

不利的。当 C_3 过小，振荡器会因不满足振幅起振条件而停止振荡。这就是说克拉泼振荡电路是用对起振条件严格的要求来换取频率稳定度的提高。

二、西勒(Siler)振荡电路

图 4-10 所示是另一种改进型的电容反馈式振荡电路，称为"西勒振荡电路"。针对克拉泼电路的缺陷，西勒电路是在克拉泼电路基础上，在电感 L 的两端并联一可变小电容 C_4，且也满足 C_1、C_2 远大于 C_4。

西勒振荡电路的振荡频率可近似认为是

$$f = \frac{1}{2\pi\sqrt{LC_\Sigma}} \qquad (4-18)$$

其中，$C_\Sigma = \dfrac{C_1 C_2 C_3}{C_1 C_2 + C_2 C_3 + C_1 C_3} + C_4 \approx C_3 + C_4$ 为回路等效总电容。

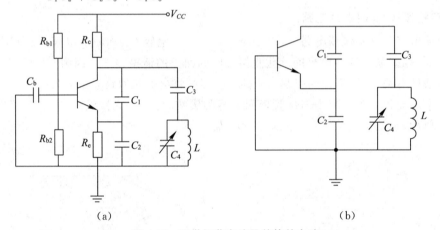

(a)   (b)

图 4-10　西勒振荡电路及其等效电路

这种电路保持了克拉泼振荡电路中晶体管与回路耦合弱的特点，频率稳定度高。因为用 C_4 改变振荡频率，且回路的接入系数不受 C_4 的影响，所以在调节振荡频率时输出振幅稳定。这两点使西勒振荡电路能在较宽范围内调节频率，可作为波段振荡器，在实际运用中较多采用这种电路。

4.3　振荡器的频率稳定度

4.3.1　频率稳定度的定义

振荡器的频率稳定度是振荡器的一个重要的指标。在数量上通常用频率偏差来表示频率稳定度。振荡器的实际工作频率和标称频率之间的偏差称为"频率偏差"。频率偏差可分为绝对偏差和相对偏差。设 f 为实际振荡频率，f_c 为指定标称频率，则绝对偏差为

$$\Delta f = |f - f_c| \qquad (4-19)$$

相对偏差为

$$\frac{\Delta f}{f_c} = \frac{|f - f_c|}{f_c} \qquad (4-20)$$

通常把一定时间间隔内,振荡器频率的相对偏差的最大值定义为频率稳定度,用 $\Delta f_{max}/f_c|_{时间间隔}$ 表示。这个数值越小,频率稳定度越高。按照时间间隔长短不同,频率稳定度有长期、短期、瞬时之分。

①长期频率稳定度:一般是指一天以上乃至几个月的时间间隔内,振荡频率的相对变化。这种变化通常是由振荡器中元器件老化而引起的。

②短期频率稳定度:一般是指一天以内,以小时、分或秒计算的时间间隔内,振荡频率的相对变化。引起这种频率不稳定的因素主要有电源电压、温度等外界因素。

③瞬时频率稳定度:一般是指秒或毫秒时间间隔内,振荡频率的相对变化。这种频率变化一般都具有随机性质。引起这类频率不稳定的主要因素是振荡器内部噪声或各种突发性干扰。

通常所讲的"频率稳定度"指短期频率稳定度,根据振荡器的用途不同,对振荡频率稳定度的要求也不一样。目前,一般的短波、超短波发射机的相对频率稳定度 $\Delta f/f_c$ 在 $10^{-5}\sim 10^{-4}$ 数量级,而一些军用、大型发射机及精密仪器振荡器的相对频率稳定度可达 10^{-7} 数量级甚至更高。

4.3.2　振荡器的稳频措施

由前面分析知道,LC 振荡器振荡频率主要取决于谐振回路的参数,也与其他电路元件参数有关。振荡器在使用过程中,不可避免地会受到外界各种因素的影响,使得这些参数发生变化,导致振荡频率不稳定。这些外部因素包括:温度变化、电源电压的变化、振荡器负载的变动、机器振动、湿度和气压变化,以及外界电磁场的影响等。它们或者通过对回路元件 L、C 的作用,或者通过对晶体管的工作点及参数的作用,直接或间接地引起频率不稳。因此,振荡器稳频措施有以下几种。

一、减小外因的变化

温度变化可以采用恒温措施,使温度变化尽可能减小。电源电压变化可以采用稳压电源提高电压稳定度。负载变化可采用射随器以减小负载变化对振荡器的影响。湿度变化时可以采用将电感线圈密封或者固化。机械振动可以采用减振措施。电磁场影响可采用屏蔽措施等。

二、提高谐振回路的标准性

谐振回路在外界因素变化时,保持其谐振频率不变的能力称为谐振回路的标准性。回路标准性越高,频率稳定度就越好。振荡器中谐振回路的总电感包括回路电感和反映到回路的引线电感,回路的总电容包括回路电容和反映到回路中的晶体管输入、输出电容和其他分布杂散电容。所以,可采用以下办法来提高谐振回路的标准性。

采用参数稳定的回路电感器和电容器。谐振回路中选用具有不同温度系数的电感和电容,从而使因温度变化引起电感和电容值的变化相互抵消,这样回路谐振频率的变化减小。改进安装工艺,缩短引线;牢固安装元件和引线,可减小分布电容和分布电感。另外,在对频率稳定度要求较高的振荡器中,可以将振荡器放在恒温槽内,从而减小温度对振荡频率的影响。

4.4 晶体振荡电路

与一般电容三点式振荡电路比较,克拉泼振荡电路的频率稳定度较高的原因是接入小电容 C_3。但 C_3 的减小是有限的,且回路电感的 Q 值不可能做得很高,因此其频率稳定度只能达 10^{-4} 量级。对于稳定度要求更高的振荡器,为了进一步提高振荡频率的稳定度,可采用石英谐振器作为选频网络,构成晶体振荡器。因为石英谐振器具有极高的 Q 值和良好的稳定性,所以由它构成的石英晶体振荡电路具有很高的频率稳定度,一般在 $10^{-11} \sim 10^{-5}$ 量级范围内。

4.4.1 石英晶体的等效电路

石英晶体的特点是具有压电效应。所谓"压电效应",就是当晶片受某一方向施加的机械力(如压力和张力)时,会在晶片的两个面上产生不同电荷,这是"正压电效应"。当在这两个面上施加电压时,晶体又会发生形变,称为"逆压电效应"。这两种效应是同时产生的。因此,若在晶片两端加上交变电压,晶体就会发生周期振动,同时由于电荷的周期变化,又会有交流电流流过晶体。不同型号的晶体,具有不同的机械自然谐振频率。当外加电信号频率等于晶体固有的机械谐振频率时,晶体的振动幅度最大,感应的电压也最大,表现出电谐振。

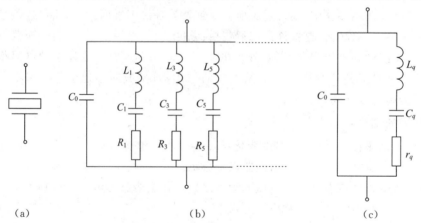

(a)　　　　　　　　　(b)　　　　　　　　　(c)

图 4-11　石英谐振器电路符号及等效电路

图 4-11(a)所示是晶体的电路符号。图 4-11(b)所示是晶体较完整的等效电路。在外加交变电压的作用下,晶体的振动模式存在着多谐性,也就是说,除了基频振动外,还会产生奇次谐波的泛音振动。晶片不同频率的机械振动,可以分别用一个 LC 串联谐振回路来等效。对于一个晶体,既可以用于基频振动,也可以用于泛音振动。前者称为"基频晶体",后者称为"泛音晶体"。利用晶片的基频可以得到很强的振荡,但在振荡频率很高时,晶片的厚度会变得很薄,而薄的晶片加工困难,使用中也易损坏。所以如果要求振荡频率较高时,可以利用晶体的泛音频率。泛音晶体大部分应用 3～7 次的泛音振动,很少用 7 次以上的泛音振动。基频晶体的频率一般限制在 20MHz 以下。

图 4-11(c)所示是晶体基频等效电路,图中 L_q、C_q、r_q 分别表示晶体基频动态电感、动态电容和动态电阻,电容 C_0 称为"晶体的静态电容"。晶体的动态电感很大,一般可从几十

毫亨到几亨甚至几百亨；动态电容很小，一般为 $10^{-3}\,\text{pF}$ 量级；动态电阻很小，一般为几欧至几百欧；品质因素为 $10^5 \sim 10^6$ 量级；静态电容 C_0 为 $2\sim5\text{pF}$。从等效电路看，晶体有两个谐振频率，一个是串联谐振频率 ω_q，另一个是并联谐振频率 ω_p，它们的表示式为

$$\omega_q = \frac{1}{\sqrt{L_q C_q}} \tag{4-21}$$

$$\omega_p = \frac{1}{\sqrt{L_q \dfrac{C_q C_0}{C_q + C_0}}} \tag{4-22}$$

因为 $C_0 \gg C_q$，利用二项式展开式并忽略高次项，可得

$$\omega_p = \omega_q \sqrt{1 + \frac{C_q}{C_0}} \approx \omega_q\left(1 + \frac{C_q}{2C_0}\right) \tag{4-23}$$

由式(4-23)可见，ω_p 比 ω_q 稍大，其差值 $\omega_p - \omega_q = \omega_q C_q/(2C_0)$ 很小。

4.4.2   石英晶体的阻抗特性

由图 4-11(c)等效电路可得，石英谐振器等效电路的总阻抗为

$$Z_e = \frac{r_q + \text{j}\left(\omega L_q - \dfrac{1}{\omega C_q}\right)}{r_q + \text{j}\left(\omega L_q - \dfrac{1}{\omega C_q} - \dfrac{1}{\omega C_0}\right)} \cdot \frac{1}{\text{j}\omega C_0} = R_e + \text{j}X_e \tag{4-24}$$

当 r_q 可以忽略时，式(4-24)可近似为

$$Z_e = -\text{j}\,\frac{1}{\omega C_0} \cdot \frac{\omega L_q - \dfrac{1}{\omega C_q}}{\omega L_q - \dfrac{1}{\omega C_q} - \dfrac{1}{\omega C_0}}$$

$$= -\text{j}\,\frac{1}{\omega C_0} \cdot \frac{1 - \dfrac{\omega_q^2}{\omega^2}}{1 - \dfrac{\omega_p^2}{\omega^2}} = \text{j}X_e \tag{4-25}$$

根据式(4-25)，可以画出晶体的阻抗频率特性曲线，如图 4-12 所示。由图可看出，当 $\omega > \omega_p$ 和 $\omega < \omega_q$ 时，$X_e < 0$，负电抗表明在该频率范围内晶体等效为电容；当 $\omega_q < \omega < \omega_p$ 时，$X_e > 0$，晶体等效为电感；当 $\omega = \omega_q$ 时，$X_e = 0$，晶体相当于短路，为串联谐振；当 $\omega = \omega_p$ 时，$X_e \to \infty$，晶体为并联谐振。

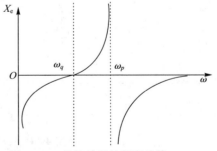

图 4-12   晶体的阻抗频率特性

4.4.3   石英晶体振荡电路

常见的石英晶体振荡电路有两大类：一类是晶体工作在串联谐振频率上，作为高 Q 值的串联谐振元件串接于正反馈支路中，称为"串联型晶体振荡器"；另一类是晶体工作在串联和

并联谐振频率之间,等效为高 Q 值的电感元件接在振荡电路中,称为"并联型晶体振荡器"。

一、并联型晶体振荡器

并联型晶体振荡器的工作原理和一般三点式 LC 振荡器相同,只是其中的一个电感元件用晶体代替,将晶体接在晶体管的 $b-e$ 之间的晶体振荡器称为"密勒(Miller)晶体振荡器",如图 4-13(a)所示;将晶体接在晶体管的 $b-c$ 之间的晶体振荡器称为"皮尔斯(Pierce)晶体振荡器",如图 4-13(b)所示。

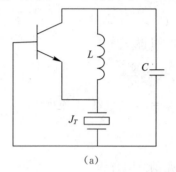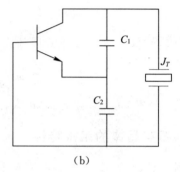

（a）　　　　　　　　　　　　（b）

图 4-13　并联型晶体振荡器的两种基本类型

典型的并联型晶体振荡线路如图 4-14(a)所示,其中 L_p 为高频扼流圈。晶体管的基级对高频接地,晶体接在集电极与基级之间。C_1 和 C_2 为回路的另外两个电抗元件,构成反馈支路。只有当振荡器的工作频率 ω 在晶体串联谐振频率与并联谐振频率之间时,晶体才呈现感性。只要石英晶体等效呈感性,它就是一个电容三点式振荡电路。如图 4-14(b)所示为振荡回路的等效电路。

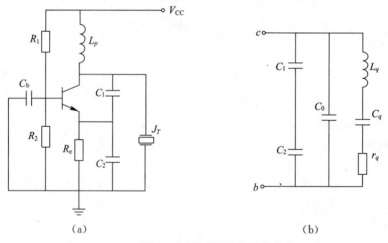

（a）　　　　　　　　　　　　（b）

图 4-14　并联型晶体振荡电路

电路的振荡角频率 $\omega_0 = 1/\sqrt{L_q C_\sum}$,其中, $C_\sum = \dfrac{(C_0 + C_L)C_q}{C_0 + C_L + C_q}$, $C_L = C_1 C_2/(C_1 + C_2)$ 称为"负载电容",所以

$$\omega_0 = \frac{1}{\sqrt{L_q \dfrac{(C_0 + C_L)C_q}{C_0 + C_L + C_q}}} = \omega_q \sqrt{1 + \frac{C_q}{C_0 + C_L}} \qquad (4-26)$$

因为 $C_q/(C_0 + C_L) \ll 1$,将上式展开为二项式,得振荡角频率为

$$\omega_0 \approx \omega_q[1 + \frac{C_q}{2(C_0 + C_L)}] \qquad (4-27)$$

式(4-27)表明电路的振荡频率与负载电容 C_L 和晶体的串联谐振频率有关。而外电路元件对晶体振荡回路的耦合很弱,晶体串联谐振频率的稳定性决定了振荡器振荡频率的稳定性,所以晶体振荡器的频率稳定度高。

二、串联型晶体振荡器

串联型晶体振荡电路的特点是晶体工作在串联谐振频率上,并等效为短路元件串联在三点式振荡电路的反馈支路中。图 4-15(a)所示为串联型晶体振荡器原理电路,石英晶体串接在正反馈通路中。由图 4-15(b)所示交流通路可知,将石英晶体短接就构成了电容三点式振荡电路。当电路中谐振回路的谐振频率等于晶体的串联谐振频率时,晶体在此频率相当于短路,此时正反馈最强,电路满足振荡的相位和幅度条件而产生振荡。当回路的谐振频率偏离晶体的串联谐振频率时,晶体不再等效为短路,而是等效为电容或电感,这样在反馈支路中就要引入一个附加的相移,将偏离频率调整到串联谐振频率上,确保有较高的频率稳定度。所以,这种振荡器的振荡频率受石英晶体串联谐振频率的控制,具有很高的频率稳定度。

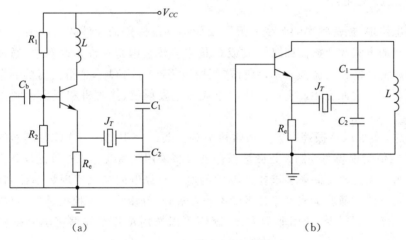

图 4-15　串联型晶体振荡电路

三、泛音晶体振荡器

泛音晶体振荡器多用在工作频率较高的振荡器中,与基频晶体振荡器在电路上有较大的不同。在泛音晶体振荡器中,一方面要确保振荡器的振荡频率准确地调谐在所需的奇次泛音频率上,另一方面又要有效地抑制可能在低次泛音或基频上产生的振荡。为了达到这样的目的,在三点式振荡电路中,常将反馈支路中的某一电抗元件用并联谐振回路来代替,以保证只在要求的奇次泛音频率上满足相位平衡条件,从而产生振荡。如图 4-16 所示为泛音晶体振荡电路,图中用 L、C_1 并联谐振回路代替三点式振荡电路中的电抗元件 X_1,根据三点式振荡电路组成原则,该并联谐振回路应呈容性。设要求电路振荡频率为晶体的 5 次泛音频率,为了抑制 3 次泛音和基频的寄生振荡,L、C_1 并联回路的谐振频率应选在高于 3

次泛音频率,且低于 5 次泛音频率上。这样对于 5 次泛音频率并联回路呈容性,电路满足振荡的相位平衡条件。而对于 3 次泛音和基频来说,L、C_1 并联回路呈感性,电路不满足三点式振荡电路的组成原则,不能产生振荡。

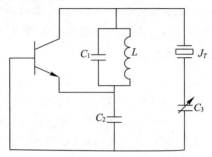

图 4-16　泛音晶体振荡器

4.5　集成压控振荡器简介

4.5.1　压控振荡电路

在振荡电路中,振荡频率的改变一般需要调节振荡回路的元件数值。例如,LC 振荡器需要采用手动的方式改变振荡回路中 L 或 C 值来实现。但是在许多设备中,通过压控振荡器实现自动调节振荡器的振荡频率。所谓"压控振荡器"(VCO),是指振荡器的振荡频率随外加控制电压的变化而变化。它广泛应用于无线电发射机、接收机和频率调制器等通信电路中。

在电路中,实现压控振荡的方法通常可分为两类。一类是改变 LC 振荡器的振荡回路元件 L 或 C 的值实现频率控制。正弦波振荡器大多采用改变变容二极管的反相电压值实现频率控制。另一类是改变高频多谐振荡器中的电容充放电的电流实现频率控制,这种振荡电路输出的是方波。随着集成电路技术的不断发展,有许多集成压控振荡器不仅性能好,还可以将外接电路减到很少,使用非常方便,因而可以选用单片集成振荡电路来构成压控振荡器.

4.5.2　MC1648 集成压控振荡电路

图 4-17 是集成振荡电路 MC1648 的内部电路图。它由差分对管振荡电路(T_6、T_7、T_8)、放大电路($T_1 \sim T_5$)和偏置电路($T_9 \sim T_{11}$)三部分组成。从图 4-17 所示电路来看,振荡电路实际上是由 T_6 和 T_7 组成共基级联放大的正反馈振荡电路,T_8 构成恒流源。T_7 的集电极与基极之间外接 LC 并联谐振回路,调谐于振荡频率,并将其输出电压直接加到 T_6 的基极。通过 T_6、T_7 的射极耦合,送到 T_7 的射极,形成正反馈,实现振荡器的作用。振荡信号从 T_7 集电极送给 T_4 基级,经 T_4 集电极输出,送给 T_3、T_2 组成的单端输入和单端输出的差分放大电路,最后经 T_1 组成的射极跟随器输出。振荡电路的偏置电路由 T_9、T_{10} 和 T_{11} 构成.

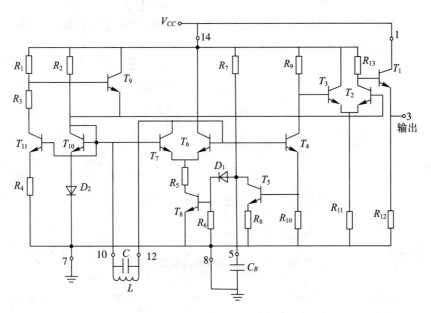

图 4-17　MC1648 集成振荡电路的内部电路

　　为了提高振荡的稳幅性能,振荡信号经 T_4 射极跟随器输出给 T_5,经 T_5 放大加到二极管 D_1 上,控制 T_8 的恒流值 I_o,脚 5 外接滤波电容 C_B,用来滤除高频分量。当某种原因使振荡电压振幅增大时,T_5 的集电极电位下降,经 D_1 控制 T_8 使电流 I_o 减小,从而使振荡幅度降低。反之,若振荡信号振幅减小,T_5 的集电极电位增高,I_o 增大,而使振荡幅度增大,达到稳幅的目的。

　　MC1648 的最高振荡频率可达 200MHz,可以产生正弦波振荡,也可以产生方波输出。MC1648 集成振荡电路实现振荡功能的主要部分是差分对管振荡电路和放大输出电路。图 4-18 由 MC1648 集成振荡电路组成的实际正弦波振荡电路,其振荡频率可由振荡回路电容 C 调整,其振荡频率为

$$f_0 = \frac{1}{2\pi \sqrt{LC}}　　　　　　　　　　（4-28）$$

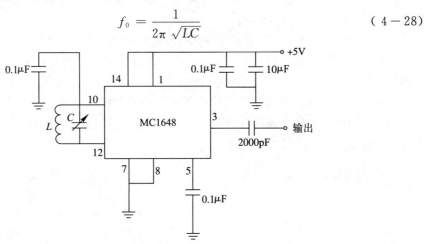

图 4-18　MC1648 集成振荡电路

　　MC1648 集成振荡电路也能够实现压控振荡的功能,只要将振荡回路中的电容 C 用变

容二极管代替就可实现压控振荡。图 4-19 所示是回路接变容二极管加入控制电压的电路图,在锁相频率合成中应用较多。

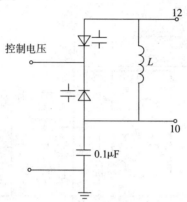

图 4-19　构成压控振荡器的回路

本章小结

1.反馈型正弦波振荡器是在放大电路中加入正反馈,由放大器和具有选频作用的正反馈网络组成的。振荡的起振条件为:$A_0F>1,\varphi_A+\varphi_F=2n\pi(n=0,1,2,\cdots,n)$。振荡的平衡条件为:$AF=1,\varphi_A+\varphi_F=2n\pi(n=1,2,\cdots,n)$。

2.从相位平衡条件判断三点式振荡器能否振荡的原则为:接在发射极与集电极、发射极与基极之间的为同性质的电抗,接在基极与集电极之间为异性质电抗。三点式振荡器的基本形式有两种,分别是电容三点式和电感三点式,其振荡频率近似等于 LC 谐振回路的谐振频率。

3.LC 振荡器的频率稳定度主要与 LC 谐振回路参数的稳定性有关,也与电路中其他元器件参数的稳定性有关。LC 振荡器的稳频措施通常有减小外界因素的变化和提高谐振回路的标准性。

4.石英晶体振荡器振荡频率的准确性和稳定性很高。并联型晶体振荡器中,石英晶体等效为一个电感元件接在振荡电路中;串联型晶体振荡器中,石英晶体作为低阻抗的串联谐振元件串接于正反馈支路中。

习题 4

4－1 振荡器的作用是什么？对其主要要求有哪些？

4－2 反馈型正弦波振荡电路由哪几个部分组成？其各组成部分分别有什么作用？

4－3 振荡器的起振条件和平衡条件分别是什么？振荡器输出信号的振幅和频率分别是由什么条件决定的？

4－4 反馈型 LC 振荡电路中，放大器的工作状态在起振时和平衡时有什么不同？振幅起振条件与振幅平衡条件中放大倍数 A 是否相同？

4－5 何谓"三点式振荡器"？三点式振荡器在电路构成上有什么特点？

4－6 克拉波振荡器有何优点？其在电路结构上有什么特点？

4－7 LC 振荡器中，影响频率稳定度的主要因素有哪些？哪些措施可以用来提高 LC 振荡器的频率稳定度？

4－8 石英晶体振荡器有几种基本类型？在不同类型的振荡电路中，石英晶体各起什么作用？

4－9 分析题 4-9 图所示电路，为了满足起振的相位条件，正确标注图中互感耦合线圈的同名端。

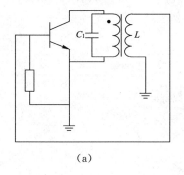 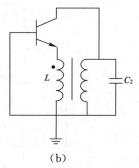

(a)   (b)

题 4-9 图

4－10 从振荡器的相位条件出发，判断题 4-10 图所示三点式振荡器交流等效电路，哪些有可能振荡，哪些不可能振荡。若可能振荡，指出属于哪种类型的振荡电路。

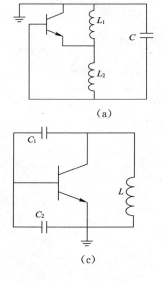 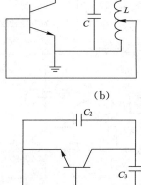

(a)   (b)

(c)   (d)

题 4-10 图

4－11 题 4-11 所示为三谐振回路振荡器的交流等效电路,假设有以下四种情况:

(1) $L_3C_3 > L_2C_2 > L_1C_1$;(2) $L_3C_3 < L_2C_2 < L_1C_1$;

(3) $L_3C_3 = L_2C_2 > L_1C_1$;(4) $L_3C_3 < L_2C_2 = L_1C_1$;

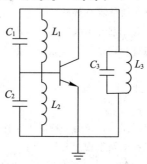

题 4-11 图

试分析哪种情况可能振荡? 其振荡频率与各谐振回路的固有谐振频率之间有什么关系?

4－12 振荡电路如题 4-12 图所示,它属于哪种类型的振荡器? 有什么优点? 其振荡频率为多少?

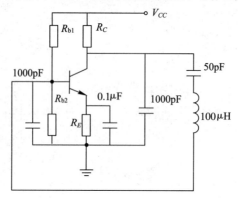

题 4-12 图

4－13 题 4-13 图所示为 LC 振荡电路。

(1)试说明振荡电路中各元件的作用。

(2)当电感 $L = 2\mu H$ 时,若要使振荡频率为 50MHz,则 C_4 应调到何值?

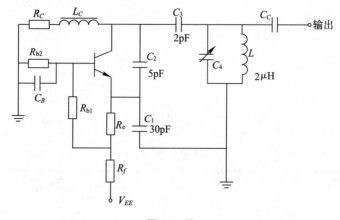

题 4-13 图

4—14 图 4-14 题所示石英晶体振荡器,试说明石英晶体在电路中的作用,并指出它们属于何种类型的晶体振荡器。

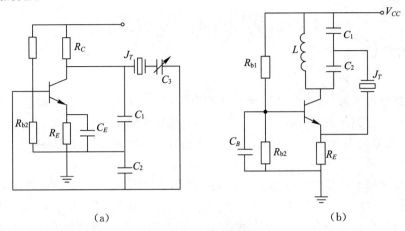

（a）　　　　　　　　　　　　　（b）

题 4-14 图

4—15 已知石英晶体的参数为:$L_q = 4\mathrm{H}$,$C_q = 8 \times 10^{-3}\,\mathrm{pF}$,$C_0 = 3\mathrm{pF}$,$r_q = 100\Omega$,试求:

(1)串联谐振频率 f_s;

(2)并联谐振频率 f_p 与 f_s 相差多少?

(3)晶体的品质因数 Q 和等效并联谐振电阻。

振幅调制解调及混频

待传输的低频信号称为"基带信号",比如日常生活中的音频信号即为基带信号。三个因素决定基带信号不能直接通过天线传送出去,一是天线尺寸要做很大,二是基带信号能量弱不能传远,三是信号间相互干扰。调制就是把基带信号用不同方式搭载到载频上,再通过天线发射高频调制信号。

用待传输的低频信号去控制高频载波参数的电路称为"调制电路",参数是振幅的称为"振幅调制",参数为角度的称为"角度调制"。解调是调制的逆过程,从高频已调信号中还原出原来的调制信号的电路称为"解调电路"(或称"检波电路")。把已调信号的载频换成另一个载频的电路称为"混频电路"。

调制、解调、混频电路都属于频谱的线性搬移电路。下一章介绍的角度调制与解调电路属于频谱的非线性搬移电路。

5.1 相乘器电路

相乘器可以实现两个信号相乘的功能,高频载波信号变换基带信号的方法实际上就是用相乘器实现的,具体分析将在 5.2 节讲解。目前通信系统中常用的相乘器电路有两种:二极管构成的平衡相乘器电路以及晶体管构成的双差分对模拟相乘器电路。

5.1.1 二极管的相乘作用

二极管的伏安特性是非线性的,图形类似抛物线($y = ax^2$),若 $x = u_1 + u_2$,则 $y = a(u_1 + u_2)^2 = au_1^2 + au_2^2 + 2au_1u_2$,其式中第 3 项实现 u_1、u_2 的相乘。若 u_1 为高频载波,u_2 为基带信号,二极管构成的电路则可实现调制功能。

一、二极管伏安特性的幂级数展开法

二极管电路如图 5-1(a)所示,图中 U_Q 用来确定二极管的静态工作点,使之工作在伏安特性的弯曲部分,u_1、u_2 为交流信号。可设 u_1 为载波信号 $u_{1m}\cos\omega_1 t$,u_2 为调制信号 $u_{2m}\cos\omega_2 t$。接下来我们讨论二极管是如何实现两个信号相乘的。

泰勒级数展开式如下

$$f(x) = f(x) + f(x_0)(x - x_0) + \frac{f''(x_0)(x - x_0)^2}{2!} + \cdots + \frac{f^n(x_0)(x - x_0)^n}{n!}$$

$$(5-1)$$

二极管的伏安特性可表示为

$$i = f(u) = f(U_Q + u_1 + u_2) \qquad (5-2)$$

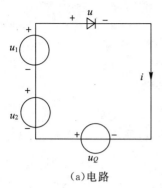　　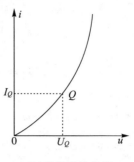

(a)电路　　　　　　　　　　　　　(b)伏安特性曲线

图 5-1　二极管的相乘作用

将 i 用泰勒级数展开式在 U_Q 点展开,即 U_Q 替换式(5—1)中的 x_0,i 替换 x,可得

$$i = a_0 + a_1(u_1 + u_2) + a_2(u_1 + u_2)^2 + a_3(u_1 + u_2)^3 + \cdots + a_n(u_1 + u_1)^n \quad (5-3)$$

将式子右边各幂级数项展开得

$$i = a_0(a_1 u_1 + a_1 u_2) + (a_2 u_1^2 + a_2 u_2^2 + 2a_2 u_1 u_2)$$
$$+ (a_3 u_1^3 + a_3 u_2^3 + 3a_3 u_1^2 u_2 + 3a_3 u_1 u_2^2) + \cdots \quad (5-4)$$

由式(5—4)可见,当同时有两个输入电压时,二极管电流中出现这两个电压的相乘项 $2a_2 u_1 u_2$,此外也出现许多无用的高阶相乘项。所以,非线性器件的相乘作用不够理想。

令 $u_1 = U_{1m}\cos(\omega_1 t)$,$u_2 = U_{2m}\cos(\omega_2 t)$,代入式(5—4),可得 i 中组合频率分量的通式为

$$\omega_{p \cdot q} = |\pm p\omega_1 + q\omega_2| \quad (5-5)$$

式中,p、$q=0$、1、2、3$\cdots$,其中 $p=1$,$q=1$ 时的组合频率分量是有用项,其他组合频率分量是无用项。减少无用组合频率分量的主要措施除了选用具有平方律特性的器件和合适的工作点外,还有使器件处于线性时变工作状态以及采用平衡电路抵消无用分量。

二、线性时变工作状态

线性时变工作状态的前提是 u_1 足够大,$u_2 \ll u_1$,利用数学方法可得

$$i = I_0 + I_{1m}\cos(\omega_1 t) + I_{2m}\cos(2\omega_2 t) + \cdots +$$

$$g_0 U_{2m}\cos(\omega_2 t) + \frac{1}{2}g_1 U_{2m}\{\cos[(\omega_1 + \omega_2)t] + \cos[(\omega_1 - \omega_2)t]\} +$$

$$\frac{1}{2}g_2 U_{2m}\{\cos[(2\omega_1 + \omega_2)t] + \cos[(2\omega_1 - \omega_2)t] + \cdots\} \quad (5-6)$$

可见,电流 i 中消除了众多无用组合频率分量,剩下 $p\omega_1$、$|\pm p\omega_1 \pm \omega_2|$。除了有用分量($\omega_1 \pm \omega_2$),其他的无用分量可用滤波器滤除。

开关状态是线性时变状态的特例,输出电流中只有直流分量、ω_2、ω_1、ω_1 偶次谐波、ω_1 奇次谐波与 ω_2 的组合频率分量,比式(5—5)更优。

三、二极管平衡相乘器

由两个二极管构成的平衡式相乘电路如图 5-2 所示。变压器均具有中心抽头,其匝数 $N_1 = N_2$。

图 5-2 中变压器二极管平衡相乘器的前提是 u_1 为大信号,u_2 为小信号。二极管在 u_1 作用下为开关状态。

为了分析方便,忽略负载的反作用,由图 5-2 可见,加在两个二极管的电压分别为

$$\begin{cases} u_{D1} = u_1 + u_2 \\ u_{D2} = u_1 - u_2 \end{cases} \tag{5-7}$$

$$\begin{cases} i_1 = g_D(u_1 + u_2)K_1(\omega_1 t) \\ i_2 = g_D(u_1 - u_2)K_1(\omega_1 t) \end{cases} \tag{5-8}$$

流经负载的电流 i 为

$$\begin{aligned} i = i_1 - i_2 &= 2g_D u_2 K_1(\omega_1 t) \\ &= 2g_D U_{2m}\cos(\omega_2 t)\left[\frac{1}{2} + \frac{2}{\pi}\cos(\omega_1 t) - \frac{2}{3\pi}\cos(3\omega_1 t)\right] \\ &= g_D U_{2m}\cos(\omega_2 t) + \frac{2}{\pi}g_D U_{2m}\{\cos[(\omega_1 + \omega_2)t] + \cos[(\omega_1 - \omega_2)t]\} - \\ &\quad \frac{2}{3\pi}g_D U_{2m}\{\cos[(3\omega_1 + \omega_2)t] + \cos[(3\omega_1 - \omega_2)t]\} + \cdots \end{aligned} \tag{5-9}$$

经过傅里叶分解，i 中含有的组合频率分量有 ω_2、ω_1 奇次谐波与 ω_2 的组合频率分量。输出的无用频率分量比单管电路少很多，且无用频率分量 ω_2、$3\omega_1 \pm \omega_2$ 等高频分量与有用频率组合 $\omega_1 \pm \omega_2$ 相差较远，所以很容易用带通滤波器将其滤除。

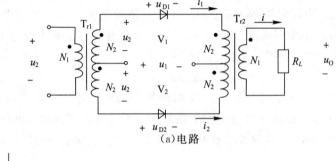

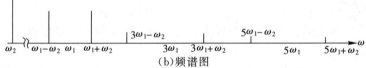

(b)频谱图

图 5-2　二极管平衡相乘器

二极管双平衡器是较为理想的相乘器，可以减少组合频率的分量。图 5-3 即为二极管双平衡器的电路图，其中四个二极管特性相同。经过分析，可得流经负载的电流为

$$\begin{aligned} i = &\frac{4}{\pi}g_D U_{2m}\{\cos[(\omega_1 + \omega_2)t] + \cos[(\omega_1 - \omega_2)t]\} - \\ &\frac{4}{3\pi}g_D U_{2m}\{\cos[(3\omega_1 + \omega_2)t] + \cos[(3\omega_1 - \omega_2)t]\} + \cdots \end{aligned} \tag{5-10}$$

由式(5-10)可见，输出电流中只含有 $p\omega_1 \pm \omega_2$（p 为奇数）的组合频率分量。若 ω_1 较高，则 $p\omega_1 \pm \omega_2$ 的分量很容易被滤除，仅剩 $\omega_1 \pm \omega_2$。所以二极管双平衡相乘器具有接近理想的相乘器功能。

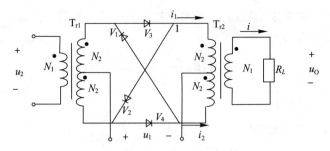

图 5-3 二极管双平衡相乘器

图 5-4 环形混频器

二极管双平衡器具有电路简单、噪声低、工作频带宽、组合频率分量少的优点,广泛用于通信设备中。利用二极管双平衡器制成的环形混频器已有完整的系列。图 5-4 是外部用小型金属壳封装的环形混频器。

5.1.2 三极管的相乘作用

一、双差分对模拟相乘器

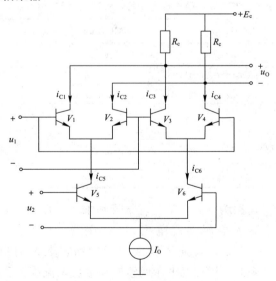

图 5-5 双差分对模拟相乘器原理电路

三极管的伏安特性也是非线性的,其中包含相乘的作用。双差分对模拟相乘器也是通

信系统中广泛采用的相乘器,原理电路如图 5-5,它由三个差分对管组成。通过数学计算,可得相乘器输出差值电流为

$$i = (i_{c5} - i_{c6}) \text{th} \frac{u_1}{2U_T} = I_0 \text{th} \frac{u_1}{2U_T} \text{th} \frac{u_2}{2U_T} \qquad (5-11)$$

则输出电压为

$$u_0 = i \cdot R_C = I_0 \text{th} \frac{u_1}{2U_T} \text{th} \frac{u_2}{2U_T} \cdot R_C \qquad (5-12)$$

当 $|u_1| \leqslant U_T$、$|u_2| \leqslant U_T$ 时,$\frac{u}{2U_T} \leqslant \frac{1}{2}$,则根据双曲正切函数特性有 $\text{th} \frac{u}{2U_T} \leqslant \frac{u}{2U_T}$,所以式(5-12)可近似为

$$u_0 \approx \frac{I_0 R_C}{4U_T^2} u_1 u_2 \qquad (5-13)$$

虽然式(5-13)实现了 u_1 与 u_2 的理想相乘,但是前提是 u_1 与 u_2 均为小信号,且幅度均小于 26mv。这使得双差分对模拟相乘器的应用范围受到限制,实际电路是采用负反馈技术来扩展 u_2 的动态范围。

二、集成模拟相乘器

单片集成模拟乘法器种类较多,由于内部电路结构不同,各项参数指标也不同。在选择时,应注意以下主要参数:工作频率范围、电源电压、输入电压动态范围、线性度等。现将常用的 MC1496/1596(国内同类型号是 XFC-1596),MC1495/1595(国内同类型号是 BG314)和 MC1494/1594 单片模拟乘法器的参数指标简介如下。

MC14 系列与 MC15 系列的主要区别在于工作温度,前者为 0～70℃,后者为 -55～125℃,其余指标大部分相同。表 5-1 给出了 MC15 系列三种型号模拟乘法器的参数典型值。

表 5-1 集成模拟乘法器主要特性参数典型值　$T = 25℃$

参　数	MC1596	MC1595	MC1594
电源电压	$V_+ = 12V, V_- = -8V$	$V_+ = 15V, V_- = -15V,$	$V_+ = 15V, V_- = -15V$
输入电压动态范围	$-26mV \leqslant u_x \leqslant 26mV$ $-4V \leqslant u_y \leqslant 4V$	$-10V \leqslant u_x \leqslant 10V$ $-10V \leqslant u_y \leqslant 10V$	$-10V \leqslant u_x \leqslant 10V$ $-10V \leqslant u_y \leqslant 10V$
输出电压动态范围	$\pm 4V$	$\pm 10V$	$\pm 10V$
线性度		$\pm 0.5\%$	$\pm 0.3\%$
3 dB 带宽	300MHz	3.0MHz	0.8MHz

MC1596 是以双差分电路为基础,在 Y 输入通道加入了反馈电阻,故 Y 通道输入电压动态范围较大,X 通道输入电压动态范围很小。图 5-6(a)是 MC1596 内部电路图。MC1595 是在 MC1596 中增加了 X 通道线性补偿网络,使 X 通道输入动态范围增大。MC1594 是以 MC1595 为基础,增加了电压调整器和输出电流放大器。

MC1595 和 MC1594 分别作为第一代和第二代模拟乘法器的典型产品,线性度很好,既可用于乘、除等模拟运算,也可用于调制、解调等频率变换,缺点是工作频率不高。

MC1596 工作频率高,常用作调制、解调和混频,通常 X 通道作为载波或本振的输入

端，而调制信号或已调波信号从 Y 通道输入。当 X 通道输入是小信号（小于 26 mV）时，输出信号是 X、Y 通道输入信号的线性乘积。

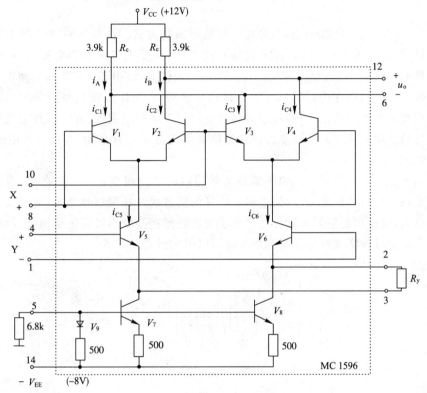

（a）MC1496/1596 内部电路图

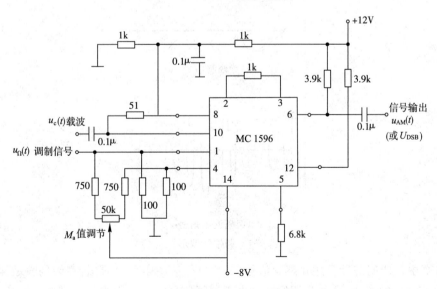

（b）MC1496/1596 组成的调幅电路

图 5-6　MC1496/1596 集成模拟相乘器

5.2　振幅调制

调幅(Amplitude Modulation,AM),一种基带调制方式。这是一种用音频调制载频幅度的电信号,频率范围 530~1605kHz,传输距离较远,但受天气因素影响较大,适合省际电台广播。早期 VHF 频段的移动通信电台大都采用调幅方式,由于信道衰落会使模拟调幅产生附加调幅,造成失真,在传输的过程中也很容易被窃听,所以目前已很少采用。调频制在抗干扰和抗衰落性能方面优于调幅制,对移动信道有较好的适应性,现在世界上几乎所有模拟蜂窝系统都使用频率调制。调幅目前在简单通信设备中还有采用,如收音机中的 AM 波段就是调幅波。

调幅是使高频载波信号的振幅随调制信号的瞬时变化而变化。也就是说,通过用调制信号来改变高频信号的幅度大小,使得调制信号的信息载入高频信号之中,通过天线把高频信号发射出去,这样调制信号也就传播出去了。这时候在接收端可以把调制信号解调出来,也就是把高频信号的幅度变化量解调出来就可以得到调制信号了。

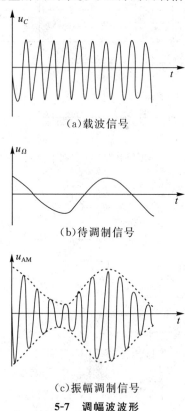

(a)载波信号

(b)待调制信号

(c)振幅调制信号

5-7　调幅波波形

图 5-7 中是调制信号叠加在高频信号中的波形,从图中可以看出,高频信号的幅度随着调制信号作相应的变化,这就是调幅波。由于高频信号的幅度很容易被周围的环境所影响。所以调幅信号的传输并不十分可靠。收音机中的 AM 波段和 FM 波段的调频波相比较,可以看到它的音质较差,原因就是它更容易被干扰。

振幅调制可分为普通调幅(AM)、双边带调幅(DSB-AM)、单边带调幅(SSB-AM)等。

所要传输的低频信号是指原始电信号，如声音信号、图像信号等，称为"调制信号"，用 $u_\Omega(t)$ 表示；高频振荡信号是用来携带低频信号的，称为"载波"，用 $u_C(t)$ 表示；载波通常采用高频正弦波，受调后的信号称为"已调波"，用 $u(t)$ 表示。

5.2.1 普通调幅(AM)

一、普通调幅的表达式

设载波 $u_C(t)$、调制信号 $u_\Omega(t)$ 的表达式分别为 $u_c(t)=U_{cm}\cos\omega_c t$，$u_\Omega(t)=U_{\Omega m}\cos\Omega t$。

根据调幅的定义，当载波的振幅值随调制信号的大小作线性变化时，即为调幅信号，则已调波的波形如图 5-7(c)所示，图 5-7(a)、5-7(b)所示分别为调制信号和载波的波形。由图可见，已调幅波振幅变化的包络形状与调制信号的变化规律相同，而其包络内的高频振荡频率仍与载波频率相同，表明已调波实际上是一个高频信号。可见，调幅过程只是改变载波的振幅，使载波振幅与调制信号呈线性关系，即使 U_{cm} 变为 $U_{cm}+k_a U_{\Omega m}\cos\Omega t$，据此，可以写出已调幅波表达式为

$$u_{AM}(t) = (U_{cm} + k_a U_{\Omega m}\cos\Omega t)\cos\omega_c t$$

$$= U_{cm}\left(1 + \frac{k_a U_{\Omega m}}{U_{cm}}\cos\Omega t\right)\cos\omega_c t$$

$$= U_{cm}\left(1 + \frac{\Delta U_c}{U_{cm}}\cos\Omega t\right)\cos\omega_c t$$

$$= U_{cm}(1 + M_a\cos\Omega t)\cos\omega_c t \tag{5-14}$$

$$M_a = \frac{\Delta U_c}{U_{cm}} = \frac{k_a U_{\Omega m}}{U_{cm}} = \frac{U_{max} - U_{min}}{2U_{cm}} = \frac{U_{max} - U_{min}}{U_{max} + U_{min}} \tag{5-15}$$

M_a 称为"调幅系数"，U_{max} 表示调幅波包络的最大值，U_{min} 表示调幅波包络的最小值。M_a 表明载波振幅受调制控制的程度，一般要求 $0 \leqslant M_a \leqslant 1$，以便调幅波的包络能正确地表现出调制信号的变化。$M_a > 1$ 的情况称为"过调制"，图 5-8 所示 M_a 不同取值时的已调波波形。

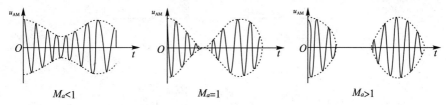

$M_a<1$ $M_a=1$ $M_a>1$

图 5-8 Ma 取不同数值时的已调波波形

式(5-14)可改为

$$u_{AM}(t) = (U_{cm} + k_a U_{\Omega m}\cos\Omega t)\cos\omega_c t$$

$$= U_{cm}\left(1 + \frac{k_a U_{\Omega m}}{u_{cm}}\cos\Omega t\right)\cos\omega_c t$$

$$= U_{cm}\cos\omega_c\left(1 + \frac{k_a}{U_{cm}}U_{\Omega m}\cos\Omega t\right)$$

$$= u_c(t)\left(1 + \frac{k_a}{U_{cm}}u_\Omega(t)\right)$$

$$= A_M \cdot u_c(t)(U_Q + u_Q(t)) \tag{5-16}$$

其中 $A_M = \dfrac{k_a}{u_{cm}}$ 为常数,由上式可以看出普通调幅信号可通过模拟相乘器与相加器实现,其电路实现模型如图 5-9 所示。

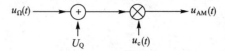

$u_\Omega(t) \longrightarrow \oplus \longrightarrow \otimes \longrightarrow u_{AM}(t)$

$U_Q \qquad u_c(t)$

图 5-9 普通调幅电路实现模型

二、普通调幅的频谱和带宽

为了分析调幅信号所包含的频率成分,可将式(5-14)展开,得

$$u_{AM}(t) = U_{cm}(1 + M_a \cos\Omega t)\cos\omega_c t$$
$$= U_{cm}\cos\omega_c t + U_{cm}M_a\cos\Omega t\cos\omega_c t$$
$$= U_{cm}\cos\omega_c t + \frac{1}{2}M_a U_{cm}\cos(w_c + \Omega)t$$

$$\frac{1}{2}M_a U_{cm}\cos(\omega_c - \Omega)t \qquad\qquad (5-17)$$

可见,在已调波中包含三个角频率成分:ω_c、$\omega_c + \Omega$ 和 $\omega_c - \Omega$。$\omega_c + \Omega$ 称为"上边频",$\omega_c - \Omega$ 称为"下边频"。由此得到调幅波的频谱如图 5-10 所示。

(a)待调制信号频谱

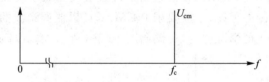

(b)载波信号频谱

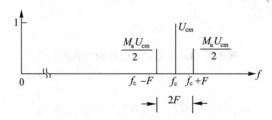

(c)振幅调制信号频谱

图 5-10 普通调幅波的频谱图

由调幅波的频谱可得,调幅波的频带宽度为

$$BW = 2F \qquad\qquad (5-18)$$

式中,F 为调制频率。

若调制信号为复杂的多频信号,则其频谱如图 5-11 所示。

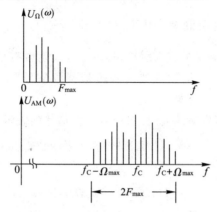

图 5-11 多频信号调幅波频谱图

负载信号调幅波的频带宽度为

$$BW = 2F_{\max} \tag{5-19}$$

例如语音信号的频率范围为 $300 \sim 3400 \mathrm{Hz}$,则语音信号的调幅波带宽为 $2 \times 3400 = 6800 \mathrm{Hz}$。观察调幅波的频谱发现,无论是单音频调制信号还是复杂的调制信号,其调制过程均为频谱的线性搬移过程,即将调制信号的频谱不失真地搬移到载频的两旁。因此,调幅称为"线性调制"。调幅电路则属于频谱的线性搬移电路。

三、功率

若调制信号为单频余弦信号,负载电阻为 R_L,则已调波的功率主要有以下几种。

1. 载波功率

$$P_c = \frac{1}{2} \frac{U_{cm}^2}{R_L} \tag{5-20}$$

2. 上、下边频功率

$$P_1 = P_2 = \frac{1}{2} \left(\frac{M_a U_{cm}}{2} \right)^2 \frac{1}{R_c} = \frac{1}{4} M_a^2 P_c \tag{5-21}$$

$$P_\Omega = P_1 + P_2 = \frac{1}{2} M_a^2 P_c \tag{5-22}$$

3. 总平均功率

$$P_\Sigma = P_c + P_1 + P_2 = P_c + \frac{1}{2} M_a^2 P_c = \left(1 + \frac{1}{2} M_a^2 \right) P_c \tag{5-23}$$

4. 最大瞬时功率

$$P_{\max} = (1 + M_a)^2 \frac{U_{cm}^2}{2R_L} \tag{5-24}$$

由式(5-20)和式(5-21)知,变频功率随 M_a 增大而增加,当 $M_a = 1$ 时,边频功率最大,但仅为 $P_\Sigma / 3$。实际使用中,M_a 在 $0.1 \sim 1$ 之间,平均值为 0.3。可见普通调幅波中边频分量所占的功率非常小,而载波占绝大多数。这就是说,用这种调制方式,发送端的功率被不携带信息的载波占去了很大部分,这显然是不经济的。下面介绍的抑制载波的双边带和单边带调幅信号则可克服这一缺点。

5.2.2　抑制载波的双边带调幅(DSB)

由于载波不携带信息,为了节省发射功率,可以只发射含有信息的上、下两个边带,而不发射载波,这种调幅信号称为"抑制载波的双边带调幅信号",简称"双边带调幅信号",用 DSB 表示。

由式(5－14)可知,当不发射载波时,双边带调幅信号的表示式为

$$u_{DSB}(t) = k_a U_{\Omega m} \cos \Omega t \cos \omega_c t \qquad (5-25)$$

式子展开则得

$$u_{DSB}(t) = \frac{1}{2} k_a U_{\Omega m} \left[\cos(\omega_c + \Omega)t + \cos(\omega_c - \Omega)t \right] \qquad (5-26)$$

其对应的频谱结构如图 5-12 所示。它的带宽与 AM 调制相同,即 $BW = 2F$,采用 DSB 调制方式,节省了功率,但没有节省频带。

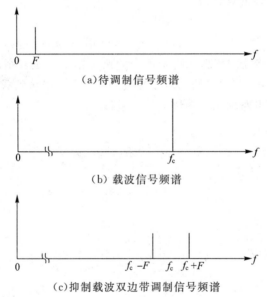

(a)待调制信号频谱

(b)载波信号频谱

(c)抑制载波双边带调制信号频谱

图 5-12　抑制载波双边带信号的频谱图

从式(5－26)可以看出,DSB 信号是调制信号与载波信号相乘的结果,所以时域波形如图 5-13 所示。

DSB 的波形有两个特点:

① 它的上、下包络不同于调制信号的变化形状,因此包络不再反映原调制信号的波形。

②当调制信号进入负半周时,DSB 信号波形变为反相,表明载波电压产生 180°相移。因此,当 $u_\Omega(t)$ 经过零值时,DSB 信号波形均发生 180°的相位突变。

DSB 信号的功率就是两个边频功率之和。若发射机的输出功率相等,则 DSB 发射机发出信息能量远比 AM 多,功率利用率高。

另外,从式(5－25)可以看出,DSB 信号可由调制信号与载波信号通过相乘器电路实现。DSB 的电路模型如图 5-14 所示。

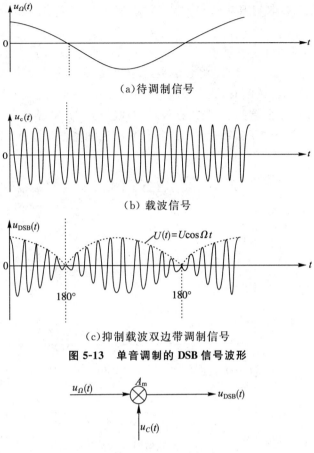

（a）待调制信号

（b）载波信号

（c）抑制载波双边带调制信号

图 5-13 单音调制的 DSB 信号波形

图 5-14 DSB 电路模型

5.2.3 抑制载波的单边带调幅（SSB）

仔细观察 DSB 信号的频谱结构会发现，上、下边带都反映了调制信号的频谱结构，二者完全对称。从信息传递的观点来说，可以将其中一个边带抑制掉，仅传输一个边带（上边带或下边带）即可，这种调制方式称为"单边带调制"。这样，边频的功率即为发射机输出的全部功率。与 AM、DSB 信号相比，SSB 信号的频带压缩了 1 半，且功率的利用率提高了 1 倍。

由于上述的优点，单边带调制已成为频道特别拥挤的短波无线电通信中最主要的一种调制方式。

单边带信号的表达式为

$$u_{\text{SSB}}(t) = \frac{1}{2} k_a U_{\Omega m} \cos(\omega_c + \Omega)（上边带） \tag{5-27}$$

$$u_{\text{SSB}}(t) = \frac{1}{2} k_a U_{\Omega m} \cos(\omega_c - \Omega)t（下边带） \tag{5-28}$$

单边带调制电路模型有两种，一是滤波法，二是相移法。

一、滤波法

滤波法电路由相乘器和带通滤波器组成，如图 5-15（a）所示。首先由相乘器产生双边带信号,再利用带通滤波器取出其中一个边带信号,抑制另一个边带信号,从而获得单边带信号。

实现这个方法的难点在于滤波器的设计,要求其矩形系数几乎接近 1。当 f_c 很高,F_{min} 很小时,上下边频的频差 $\Delta f = 2F_{min}$ 将会很小,直接用滤波器完全取出一个边带而滤除另一个边带是很困难的,所以在调制时,通常采用多次调制和滤波的方法(即逐级滤波法)。逐级滤波法不直接在工作频率上调制,而是先在较低的载波频率上实现第一次调制,降低了对滤波器的要求。一级滤除后再在高频载波上进行二次调制和滤波。这样,上、下边带间的距离被拉开,滤波容易实现。

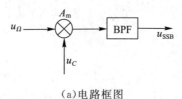

(a)电路框图

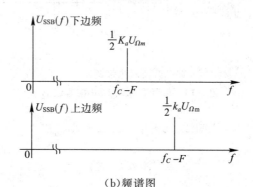

(b)频谱图

图 5-15　滤波法产生单边带信号

二、相移法

相移法由两个相乘器、两个 90°的相移器以及加法器组成,电路结构如图 5-16 所示。

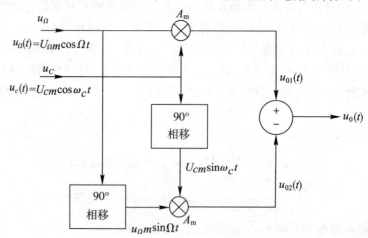

图 5-16　相移法产生单边带信号

由相乘器 Ⅰ 产生的双边带信号为

$$u_{o1}(t) = A_M U_{\Omega m} U_{cm} \cos\Omega t \cos\omega_c t$$

$$= \frac{1}{2} A_M U_{\Omega m} U_{cm} \{\cos[(\omega_c + \Omega)t] + \cos[(\omega_c - \Omega)t]\} \qquad (5-29)$$

由相乘器 Ⅱ 产生的双边带信号为

$$u_{02}(t) = A_M U_{\Omega m} U_{cm} \cos\left(\Omega t - \frac{\pi}{2}\right) \cos\left(\omega_c t - \frac{\pi}{2}\right)$$

$$= A_M U_{\Omega m} U_{cm} \sin(\Omega t) \sin(\omega_c t)$$

$$= \frac{1}{2} A_M U_{\Omega m} U_{cm} \{\cos[(\omega_c - \Omega)t] - \cos[(\omega_c + \Omega)t]\} \qquad (5-30)$$

若将 $u_{o1}(t)$ 与 $u_{o2}(t)$ 相加,结果是上边带抵消,下边带叠加,输出为下边带的单边带信号。若将 $u_{o1}(t)$ 与 $u_{o2}(t)$ 相减,结果是下边带抵消,上边带叠加,输出为上边带的单边带信号。即

$$u(t) = \begin{cases} v_{01}(t) - v_{02}(t) = A_M U_{\Omega m} U_{cm} \cos(\omega_c + \Omega)t \\ v_{o1}(t) + v_{02}(t) = A_M U_{\Omega m} U_{cm} \cos(\omega_c - \Omega)t \end{cases} \qquad (5-31)$$

相移法的优点是不需要矩形系数极高的带通滤波器,但它的关键是载波和调制信号都需要准确的 90°相移,且要求电路对称。

5.2.4　振幅调制电路

振幅调制电路是无线电发射机的重要组成部分。按发射功率的高低,可分为高电平调制电路和低电平调制电路。高电平调制电路一般处于发射机的末端,要产生功率足够大的已调信号,通过天线发射出去。低电平调制电路一般处于发射机的前端,产生小功率已调信号,再通过功率放大器放大到所需要的发射功率。

一、高电平调制电路

高电平调制电路广泛采用高效率的丙类谐振功率放大器。根据调制信号控制的电极不同,调制方法主要有:

基极调幅——用调制信号控制基极电源电压,以实现调幅。工作于欠压区,效率较低,适用于小功率发射机。

集电极调幅——用调制信号控制集电极电源电压,以实现调幅。工作于过压区,效率高。

下面以基极调幅为例进行介绍。所谓基极调幅,就是用调制信号电压来改变高频功率放大器的基极偏压,以实现调幅。它的原理电路如图 5-17(a)所示。低频调制信号 $u_\Omega(t)$ 与直流偏压 V_{BB0} 相串联,放大器的有效基极偏压 $V_{BB} = V_{BB0} + u_\Omega(t)$,随调制信号波形而变化。集电极回路的输出高频电压 $u_c(t)$ 的振幅 V_{cm} 将随 $V_{BB} = V_{BB0} + u_\Omega(t)$ 的变化而变化,得到调幅波输出。图 5-17(b)为其工作波形。

基极调幅电路电流小,消耗功率小,所需的调制信号功率很小,调制信号的放大电路比较简单。其缺点是工作在欠压状态,集电极效率低。所以一般只工作于功率不大,对失真要求较低的发射机中。基极调幅电路的实际电路如图 5-18 所示。

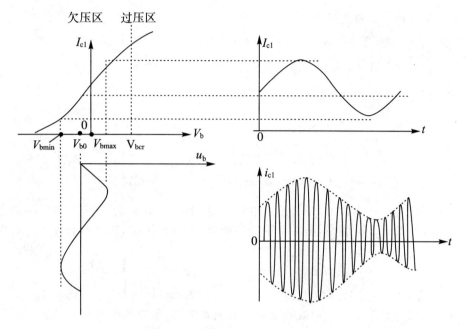

图 5-17　基极调幅电路的工作原理

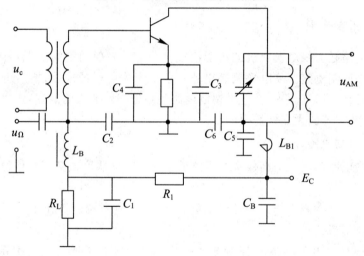

图 5-18　基极调幅电路的实际电路

二、低电平调制电路

与高电平调制电路不同,低电平调制电路主要用来实现双边带和单边带调制。它的要求是调制线性好,载波抑制能力强,而功率和效率的要求则是次要的。低电平调制电路的种类很多,本书只介绍利用集成电路 MC1496 相乘器构成的双边带振幅调制电路,如图 5-19 所示。

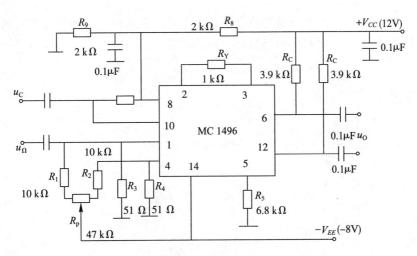

图 5-19　MC1496 模拟相乘器调幅电路(部分电路)

MC1496 的内部电路见图 5-16(a)。端 5 到地的外接 6.8kΩ 电阻用来设定电流源 Q_7，Q_8 的电流 $I_0/2$，端 2 与 3 之间的外接1kΩ电阻扩展 Q_5，Q_6晶体管差分对输入的线性范围，端 6 和 9 上的外设 3.9kΩ 电阻为双端输出的负载电阻。

MC1496 内部为双层晶体管的电路结构，应用时，三极管的基极均需要外加偏置电压。其中 $Q_1 \sim Q_4$ 的基极偏置电压由＋12V 电源经两个 1kΩ 电阻分压后提供，Q_5，Q_6 的基极偏置电压由 −8V 电源经过 47kΩ 的电位器分别经 10kΩ 和 51Ω 电阻分压后提供。

作为双边带调制电路时，载波信号 $u_c(t)$ 通过 $0.1\mu F$ 的 C_1、C_3 及 R_7 加到相乘器的输入端 8、10 脚，低频信号 $u_\Omega(t)$ 通过 C_2、R_3、R_4 加到相乘器的输入端 1、4 脚，输出信号可由 C_4 和 C_5 单端输出或双端输出。

调制器的工作特性取决于载波信号的幅度 U_{cm}。通常要求载波信号为大信号($U_{cm} \geqslant 250\text{mV}$)，此时晶体管 $Q_1 \sim Q_4$ 工作在开关状态，电路的增益不受 U_{cm} 影响。

在电路完全对称的情况下，若移去调制信号 c，且仅在载波信号 $u_c(t)$ 的作用下时，由于 $i_5 = i_6$，输出载波电流为零。然而实际电路并非完全对称，因此在电路中设置电位器 R_w，使输出载波电流趋于零。

5.3　振幅解调

解调是从已调波中提取出调制信号的过程，是调制的逆过程，又称为"检波"。振幅调制的解调叫"振幅检波"。振幅检波像振幅调制一样也是频谱搬移过程，它是把已调波的边带从高频处搬回到低频处。振幅检波过程可以用图 5-20 说明。图中振幅检波器输入信号 u_s 为一个单一频率调制的 AM 调幅波，它的时域和频域的波形如图 5-20(a)所示。检波器的输出电压 u_o 是频率为 F 的低频信号，它的时域和频域的波形如图 5-20(b)所示。

常用的调幅信号解调有同步检波(相干解调)和包络检波两种方法。

5.3.1　同步检波电路

同步检波也叫"相干解调"，同步检波需要一个与已调的载波具有同频同相的本振信号

$u_r(t)$，也叫"同步信号"。同步检波是通过已调波与同步信号的相乘而实现信号频谱的线性搬移，然后利用低通滤波器将低频的调制信号提取出来而实现的。

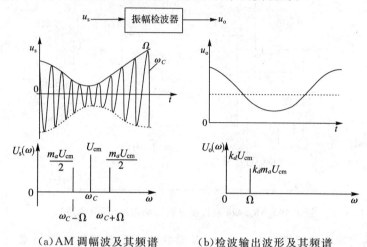

(a)AM调幅波及其频谱　　(b)检波输出波形及其频谱

图 5-20　振幅检波

同步检波有两种形式，一种是乘积型同步检波，另一种是叠加型同步检波。

一、乘积型同步检波

在频域，振幅检波是频谱搬移。因此，可以用信号相乘运算实现振幅检波。若信源是一个双边带信号 $u_s = U_{sm} \cos \Omega t \cos \omega_c t$，本地振荡信号是一个与载波同频同相的信号 $u_r = U_{rm} \cos \omega_c t$，两个信号相乘可得完整公式：$U_s(t) = U_{sm} \cos \Omega t \cos \omega_c t$

$$u_s \cdot u_r = \frac{U_{rm} U_{sm}}{2} \cdot \cos \Omega t + \frac{U_{rm} U_{sm}}{2} \cos \Omega t \cdot \cos 2\omega_c t \qquad (5-32)$$

通过低通滤波器滤除高频，得到的低频信号就是调制信号 Ω。这种解调方法就叫"乘积型同步检波"，框图如图 5-21 所示。检波的输出

$$u_o = k_d U_{bm} U_{sm} \cos \Omega t \qquad (5-33)$$

其中，$k_d = k_M \cdot k_F$，k_M 是乘法器的增益，k_F 是低通滤波器的增益。

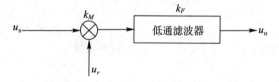

图 5-21　乘积型同步检波器框图

图 5-22 给出了用模拟乘法器 MC1496 构成的乘积型同步检波器的实际电路。本地振荡电压 U_r 由 7 脚输入，振幅调制信号 U_s 由 1 脚输入。4 个 $1 k\Omega$ 电阻 $R_3 \sim R_6$ 构成了电阻网络，为信源输入端的差分放大器提供平衡的偏置电压。R_B 是恒流源电阻，R_E 是信源输入差分放大器的负反馈电阻。输出由 9 脚单端输出。R_7、C_5、C_6 构成 π 型低通滤波器，C_7 是耦合电容。

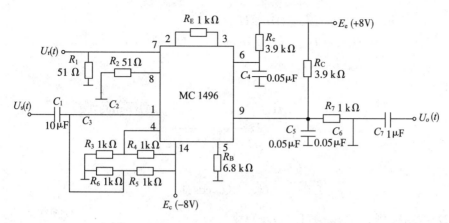

图 5-22　以 MC1496 为核心的乘积型同步检波电路

二、叠加型同步检波

它是先将输入信号 U_s 与同步信号 U_r 叠加合成一普通调幅波,其包络反映调制信号的变化。再利用二极管的峰值包络检波器将其解调输出。叠加型同步检波的框图如图 5-23 所示。

图 5-23　叠加型同步检波器框图

信源电压若是一个双边带信号,它与本振信号相加的和信号为

$$u_s + u_r = U_{sm}\cos\Omega t \cdot \cos\omega_C t + U_{rm}\cos\omega_C t$$
$$= U_{rm}(1 + \frac{U_{sm}}{U_{rm}}\cos\Omega t) \cdot \cos\omega_C t \qquad (5-34)$$

它的电路实现如图 5-24 所示。

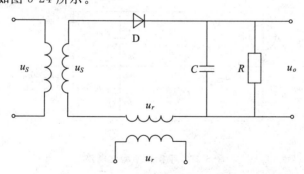

图 5-24　叠加型同步检波电路

在 $Usm \leqslant Urm$ 条件下,和信号就是一个 AM 调幅波,所以通过包络检波就可取出调制信号。

若信源电压是一个单边带信号,它与本振相加的和信号为

$$u_s + u_r = U_{sn}\cos(\omega_C + \Omega)t + U_{rm}\cos\omega_C t$$
$$= (U_{rm} + U_{sn}\cos\Omega t) \cdot \cos\omega_C t - U_{sn}\sin\Omega t \cdot \sin\omega_C t \qquad (5-35)$$
$$= U_m\cos(\omega_C t + \varphi)$$

其中

$$U_m = \sqrt{(U_{rm} + U_{sn}\cos\Omega t)^2 + U_{sn}^2\sin^2\Omega t}$$
$$= U_{rm}\sqrt{1 + \left(\frac{U_{sn}}{U_{rm}}\right)^2 + 2\frac{U_{sn}}{U_{rm}}\cos\Omega t} \qquad (5-36)$$

$$\tan\varphi = -\frac{U_{sn}\sin\Omega t}{U_{rm} + U_{sn}\cos\Omega t}$$

设 $D = \dfrac{U_{sn}}{U_{rm}}$，则式（5−36）可进一步写成

$$U_m = U_{rm}\sqrt{1+D^2}\sqrt{1 + \frac{2D}{1+D_2}\cos\Omega t} \qquad (5-37)$$

若满足 $U_{rm} \gg U_{sn}$ 条件，则 $D \approx 0$。上式 D 忽略不计后，上式可简化为

$$U_m \approx U_{rm}\sqrt{1 + 2D\cos\Omega t}$$
$$= U_{rm}[1 + D\cos\Omega t - \frac{1}{2}D^2\cos^2\Omega t + \cdots] \qquad (5-38)$$

忽略上式中的 3 次及 3 次以上的高次项，则有

$$U_m \approx U_{rm}[1 - \frac{1}{4}D^2 + D\cos\Omega t - \frac{1}{4}D^2\cos2\Omega t] \qquad (5-39)$$

可见，单边带信号与同步信号叠加后的合成信号，其幅度含有调制信号的信息 $D\cos\Omega t$，可用峰值包络检波将其解调出来。但是从式（5−39）中看出合成信号的包络变化中还含有调制信号的二次谐波分量，解调后无法通过低通滤波器将它滤除，从而产生了解调失真。

为了减少失真，常采用平衡同步检波电路如图 5-25 所示。可以证明，它的输出解调电压中频率为 2Ω 的谐波失真分量被抵消了。

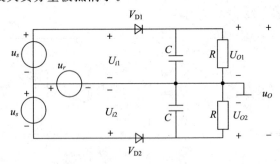

图 5-25　平衡同步检波电路

显然这种解调方法与乘积型同步检波一样，必须本振与载波同步。此外叠加型同步检波还须满足 $U_{rm} > U_{sm}$ 条件，才能保证检波后的失真在要求的范围之内。

5.3.2 二极管包络检波电路

用二极管构成的包络检波电路简单,性能优越,应用广泛。

一、工作原理

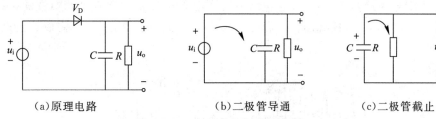

(a)原理电路   (b)二极管导通   (c)二极管截止

图 5-26 二极管峰值包络检波器

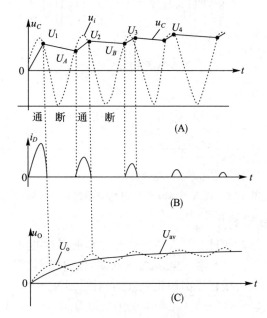

图 5-27 加入等幅波时检波器的工作过程

1.电路结构

二极管包络检波电路如图 5-26 所示,电路由二极管 V_D 和 RC 低通滤波器构成。要求输入信号幅度大于 0.5V,二极管通常选用导通电压小、r_D 小的锗管。

2.工作过程

设输入信号 u_i 为等幅高频电压(载波状态),且加电压前图 5-27 中电容 C 上电荷为零,当 u_i 从零开始增大时,由于电容 C 的高频阻抗很小,u_i 几乎全部加到二极管 V_D 两端,V_D 导通,C 被充电,因 r_D 小,充电电流很大,又因充电时常数 $r_D \cdot C$ 很小,电容上的电压建立得很快,这个电压又反向加于二极管上,此时 V_D 上的电压为信号源 u_i 与电容电压 u_c 之差,即 $u_D = u_c - u_i$。当 u_c 达到 u_i 值时(见图所示),$u_D = u_c - u_i = 0$,V_D 开始截止,随着 u_i 的继续下降,V_D 存在一段截止时间,在此期间内电容器 C 把导通期间储存的电荷通过 R 放电。因放电时常数 RC 较大,放电较慢,在 u_c 值下降不多时,u_i 的下一个正半周已到来。当 $u_i > u_c$ 时,V_D 再次导通,电容 C 在原有积累电荷量的基础上又得到补充,u_c 进一步提高。然后,继续上述放电、充电过程,直至 V_D 导通时 C 的充电电荷量等于 V_D 截止时 C 的放电电荷量,即达到动态平衡状态——稳定工作状态。如图中 U_4 以后所示情况,此时,U_4 已接近输入电压峰值,输出电压 u_O 便稳定地在平均值为 U_4 上下按角频率 ω_c 作锯齿状的等幅波动。

当输入信号 u_i 的幅度增大或减小时,检波器输出电压 u_O 也将随之成比例得升高或降低。当输入信号为调幅波时,二极管包络检波器输出电压 u_O 也将随着调幅波的包络线而变化。再经过滤波平滑,去掉叠加在上面的高频纹波,从而获得调制信号,完成检波过程,检波图如图 5-28 所示。

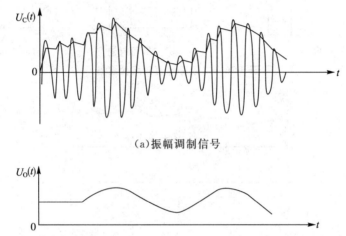

（a）振幅调制信号

（b）检波输出信号

图 5-28　输入为 AM 信号时检波器的输出波形图

从这个过程可以得出下列几点:

(1)检波过程就是信号源通过二极管给电容充电和电容对电阻 R 放电的交替重复过程。

(2)由于 RC 时间常数远大于输入电压载波周期,放电慢,使得二极管负极永远处于正的较高的电位(因此输出电压接近于高频正弦波的峰值,即 $u_O \approx u_m$)。

(3)二极管电流 i_D 包含平均分量(此种情况为直流分量)Iav 及高频分量。

(4)电容上的电压(输出电压)变化基本上与输入信号峰值包络的变化一致,故该种检波器称为"峰值包络检波器"。

3.检波效率和输入电阻

(1)检波效率

电压传输系数 K_d 又叫"检波效率"。包络检波器的电压传输系数 K_d 定义为检波器输出的低频电压幅值与输入高频电压幅值之比。电压传输系数越高,说明检波器的检波效率越高。实际电路中 K_d 一般在 80% 左右。

$$K_d = \frac{U_{\Omega m}}{m U_{cm}} \qquad (5-40)$$

(2)输入阻抗

对高频输入信号源而言,检波器为负载。输入电阻是输入载波电压的振幅 U_m 与二极管电流中基波分量振幅 I_1 的比值,即

$$R_i \approx \frac{U_m}{I_1} \qquad (5-41)$$

根据输入检波电路的高频功率近似等于检波负载获得功率,可得 $R_i \approx \dfrac{R}{2}$。

4. 惰性失真与负峰切割失真

(1) 惰性失真

为了提高电压传输系数和减少检波特性的非线性引起的失真,必须加大电阻 R。而电阻 R 越大,时间常数 RC 就越大,在二极管截止期间电容的放电速率越小。当电容器的放电速率低于输入电压包络的变化速率时,电容器上的电压就不再能跟随包络的变化,从而出现失真,如图 5-29 所示。图中 t_1 到 t_2 时间即是电容器放电跟不上包络变化的时间,在此期间引起失真。这种由于时常数 RC 过大而引起的失真叫"惰性失真"。因此不产生惰性失真的条件就是电容器的放电速率始终比输入信号包络的变化速率高,即

$$\left| \frac{\partial u_o}{\partial t} \right|_{t=t_1} \geqslant \left| \frac{\partial U_{sm}}{\partial t} \right|_{t=t_1} \tag{5-42}$$

不产生惰性失真的条件为

$$RC \leqslant \frac{\sqrt{1 - m_a^2}}{m_a \Omega} \tag{5-43}$$

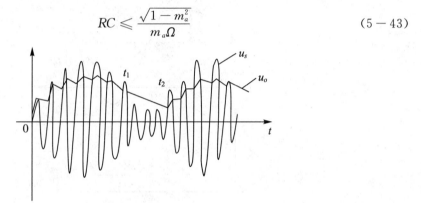

图 5-29　惰性失真

(2) 负峰切割失真

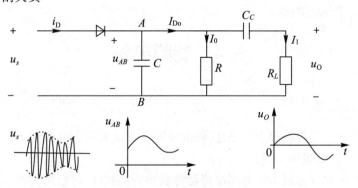

图 5-30　二极管峰值包络检波器

检波器与下级电路级联工作时,往往下级只取用检波器输出的交流电压,因此在检波器的输出端串接隔直流电容 C_C,如图 5-30 所示。当负载网络两端的电压 $u_{AB} \approx U_{m0}(1 + m_a \cos\Omega t)$ 时,相应的输出电流 $I_{D_0} = I_0 + I_1 \cos\Omega t$,其中

$$I_0 = \frac{U_{m0}}{Z_L(0)} = \frac{U_{m0}}{R}, \quad I_1 = \frac{m_a U_{m0}}{Z_L(\Omega)} = \frac{m_a U_{m0}}{R_L /\!/ R} \qquad (5-44)$$

因此，$Z_L(\Omega) < Z_L(0)$ 时就有可能出现 $I_1 > I_0$ 的情况。这种情况一旦出现，在 $\cos \Omega t$ 的负半周就会导致 $I_{D0} < 0$。在 $I_{D0} < 0$ 的范围内，二极管截止，负载网络两端的电压不可能跟随输入电压包络的变化，从而产生失真。这种失真由于出现在输出电压的负半周，所以叫负峰切割失真，也叫底部失真，如图 5-30 所示。要不产生负峰切割失真就应当使 I_1 始终小于 I_0，即应满足

$$\frac{m_a}{Z_L(\Omega)} < \frac{U_{m0}}{Z_L(0)} \qquad (5-45)$$

即

$$m_a < \frac{Z_L(\Omega)}{Z_L(0)} < \frac{R_L}{R_L + R} \qquad (5-46)$$

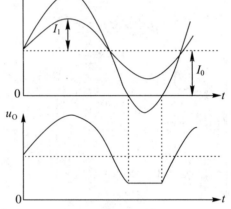

图 5-31　负峰切割失真

为了避免出现负峰切割失真，根据式(5-46)，在设计检波器时应尽量使检波器的交流负载阻抗接近于直流负载阻抗。

5.4　混频电路

5.4.1　混频的概述

混频电路的功能是将载频为 f_s 的已调信号不失真地变换为载频为 f_I（固定中频）的已调信号，并保持原调制规律不变。

如超外差式调幅收音机中的混频电路是将载频为高频 f_s 的已调信号 u_s 变换为以固定中频 $f_I = 465 \text{kHz}$ 为载频的已调信号 u_I（如图 5-32 所示），再进行放大以及检波，可以提高收音机的灵敏度和频道的选择性。

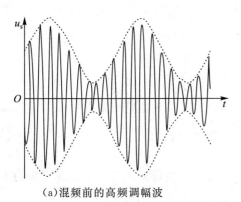

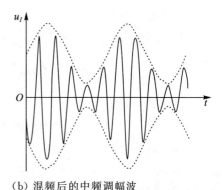

（a）混频前的高频调幅波　　　　　　　（b）混频后的中频调幅波

图 5-32　混频作用

混频器由非线性器件和带通滤波器组成,通常还包括本地振荡器。如图 5-33 所示。

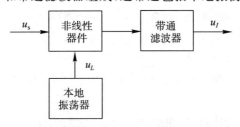

图 5-33　混频器的组成

频率变换是由非线性器件组成线性时变电路实现的,经过频率变换,通过带通滤波器,得到两输入信号的差频或和频,其中载频变化为:差频为 $\omega_I = \omega_S - \omega_L$ 或 $\omega_I = \omega_L - \omega_S$,和频为 $\omega_I = \omega_S + \omega_{Lo}$ 频谱的变化如图 5-34 所示,从中可以看出混频器是一种频谱线性搬移电路。

（a）混频前频谱图　　　　　　　　　　（b）混频后频谱图

图 5-34　混频器频谱搬移图

5.4.2　混频器的主要性能指标

一、混频增益

混频电压增益 A_{uc} 是指混频器输出的中频电压振幅与输入的高频电压振幅之比。常用分贝表示,即

$$A_{uc} = 20\lg \frac{U_{Im}}{U_{Sm}} \, (\text{dB}) \tag{5-47}$$

混频功率增益 A_{pc} 是指混频器输出的中频信号功率与输入的高频信号功率之比。常用分贝表示,即

$$A_{pc} = 10\lg \frac{P_I}{P_S} \, (\text{dB}) \tag{5-48}$$

混频增益表征了混频器把输入高频信号变换为输出中频信号的能力。增益越大,变换的能力越强,故希望混频增益大。而且混频增益较大,对接收机而言,有利于提高灵敏度。

二、噪声系数

混频器的噪声系数 N_F 定义为

$$N_F = 10\lg \frac{(P_s/P_n)_i}{(P_I/P_n)_o} \tag{5-49}$$

它反映混频器对所传输信号的信噪比影响程度。因为混频级对接收机的整机噪声系数影响大，特别是在接收机中没有高放级时，其影响更大，所以希望混频器的 N_F 越小越好。

三、失真与干扰

混频器输出信号频谱结构发生变化，产生失真；混频器输出信号中出现大量的不需要的组合频率成分，产生组合频率干扰，还有由于交叉调制和互相调制产生的干扰等。因此要求混频器不仅频率特性好，而且还要混频器工作在非线性不太严重的区域，使之既能完成频率变换，又能抑制各种干扰。

主要干扰有：信号与本振的自身组合干扰、外来干扰与本振的组合干扰（中频干扰、镜像干扰）、交叉调制干扰（简称"交调干扰"）和互调干扰等。

1. 信号与本振的自身组合干扰

混频器在信号电压和本振电压共同作用下产生了许多频率分量，可表示为：

$$f_{p,q} = \left| \pm p f_L \pm q f_C \right| \tag{5-50}$$

式中，p、q 分别为本振频率和信号频率的谐波次数，它们为任意正整数。

这些频率分量中只有一个分量是有用的中频信号，当 $p=q=1$ 可得到中频 $f_I = f_L - f_C$，其他频率组合均是无用的。当某些频率分量接近于中频时，就能与中频信号一道顺利通过中放到达检波器，与有用信号在检波器中产生差拍，形成低频干扰，也称"哨声干扰"。

例如，在广播中波波段，信号频率 $f_C = 931\text{kHz}$，本振 $f_L = 1396\text{kHz}$，中频 $f_I = 465\text{kHz}$。若 $p=1$、$q=2$ 时对应的组合频率分量为 $f_{p,q} = 2f_C - f_L = 1862 - 1396 = 466\text{kHz}$，$466\text{kHz}$ 在中频附近通带内，无法滤除，产生 1kHz 的哨叫声。

克服方法一般有减小器件非线性、采用平方律器件、重新选择中频等方法。

2. 外来干扰与本振的组合干扰

这种干扰产生的原因为当混频器前级的天线和高频放大电路的选频特性不理想时，在通频带以外的电台信号也有可能进入混频器的输入端而形成干扰。

$$f_{p,q} = \left| \pm p f_o \pm q f_n \right| \approx f_1 \tag{5-51}$$

这时，频率为 f_n 的干扰信号便顺利进入中频放大器，经检波后可听到这一干扰电台的信号。由于它是主波道以外的波道对有用信号形成的干扰，所以称为"副波道干扰"，又称"寄生通道干扰"。

（1）中频干扰

式（5-51）中 $p=0$、$q=1$ 时，$f_N \approx f_I$，称为"中频干扰"。

当干扰频率等于或接近于接收机中频时，如果接收机前端电路的选择性不够好，干扰电压一旦漏到混频器的输入端，混频器对这种干扰相当于一级（中频）放大器，从而将干扰放大，并顺利地通过其后各级电路，就会在输出端形成干扰。由于混频器对中频信号具有良好的放大性能，传送至中频放大器的中频干扰信号有可能比有用信号更强。

（2）镜像干扰

式(5-51)中 $p=1$、$q=1$ 时，$f_N \approx f_L + f_I = f_c + 2f_I$，称为"镜像干扰"。

设混频器中 $f_L > f_c$，当外来干扰频率 $f_N = f_L + f_I$ 时，干扰信号与本振信号共同作用在混频器输入端，产生差频 $f_N - f_L = f_I$，从而在接收机输出端听到干扰电台的声音。f_N、f_L 及 f_I 的关系如图 5-35 所示。

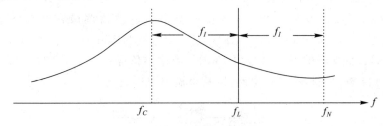

图 5-35　镜像干扰分布情况

例如，当接收 580 kHz 的信号时，还有一个 1510 kHz 的信号也作用在混频器的输入端。它将以镜像干扰的形式进入中放，因为 $f_N - f_L = f_L - f_N = 465$ kHz $= f_I$。因此可以同时听到两个信号的声音，并且还可能出现哨声。

混频器对于 f_c 和 f_N 的变频作用完全相同（都是取差频），所以混频器对镜像干扰无任何抑制作用。抑制的方法主要是提高前端电路的选择性和中频频率，以降低加到混频器输入端的镜像电压值。高中频方案对抑制镜像干扰是非常有利的。

一部接收机的中频频率是固定的，所以中频干扰的频率也是固定的，而镜像频率则是随着信号频率 f_c（或本振频率 f_L）的变化而变化。这是它们的不同之处。

3. 交叉调制干扰

交叉调制（简称"交调"）干扰的形成与本振无关，它是有用信号与干扰信号一起作用于混频器时，由混频器的非线性形成的干扰。它的特点是，当接收有用信号时，可同时听到信号台和干扰台的声音，而信号频率与干扰频率间没有固定的关系。一旦有用信号消失，干扰台的声音也随之消失。犹如干扰台的调制信号调制在信号的载频上。所以，交调干扰的含义为：一个已调的强干扰信号与有用信号（已调波或载波）同时作用于混频器，经非线性作用，可以将干扰的调制信号转移到有用信号的载频上，然后再与本振混频得到中频信号，从而形成干扰。

交调干扰实质上是通过非线性作用，将干扰信号的调制信号解调出来，再调制到中频载波上。

4. 互调干扰

互调干扰是指两个或多个干扰电压同时作用在混频器的输入端，经混频器的非线性产生近似为中频的组合分量，落入中放通频带之内形成的干扰。

设混频器输入的两个干扰信号 $u_{N1} = U_{N1} \cos \omega_{N1} t$ 和 $u_{N2} = U_{N2} \cos \omega_{N2} t$ 与本振 $u_L = U_L \cos \omega_L t$，则互调干扰满足式(5-52)。

$$|mf_L \pm pf_{N1} \pm qf_{N2}| \approx f_I \qquad (5-52)$$

5.4.3 混频电路

混频电路常用的有集成模拟乘法器混频器、二极管混频器和三极管混频器。

一、集成模拟乘法器混频器

MC1596G 组成的混频电路如图 5-36 所示。本振信号和已调信号分别从 8 脚和 1 脚输入，中频信号（9MHz）由 6 脚输出，输出端 π 型带通滤波器调谐在 9MHz，回路带宽为 450kHz。本振注入电平为 100mV，已调信号最大电平约为 15mV，对于 30MHz 信号输入和 39MHz 本振输入，混频器的混频增益为 13dB。当输出信噪比为 10dB 时，输入信号灵敏度约为 $7.5\mu V$。1、4 脚之间接调平衡电路，以减小输出波形失真。

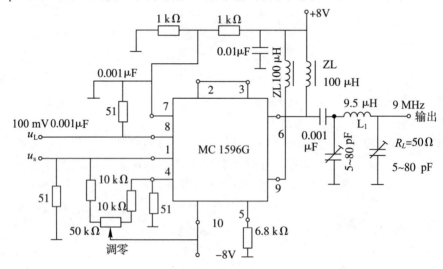

图 5-36　集成模拟乘法器混频器

二、三极管混频器

图 5-37 所示为晶体管混频电路原理图。输入信号 U_s 和本振信号 U_L 都由基极输入，输出回路调谐在中频 $f_I = f_L - f_c$ 上。晶体管混频电路是利用晶体管转移特性的非线性特性实现混频的。图 5-38 所示为广播收音机中中波调幅收音机的混频电路，此电路混频和本振都由晶体管 V 完成，故又称为"变频电路"，中频 $f_I = f_L - f_c = 465kHz$。

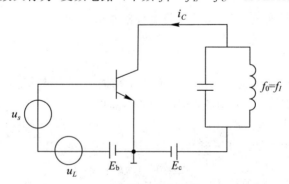

图 5-37　晶体管混频电路原理图

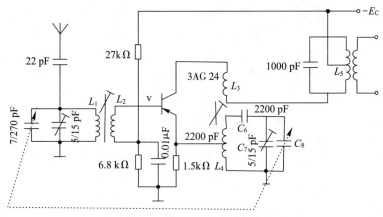

图 5-38　中波调幅收音机的混频电路

电源经 27kΩ、6.8kΩ 电阻分压提供基极偏置,经线圈至集电极。1.5kΩ 电阻为射极偏置电阻,用于稳定静态工作点,也起交流负反馈作用。外来信号经 LC 谐振回路接收谐振选频,等效为一个信号源 U_s。U_s 的谐振频率在 535～1605kHz 范围内可调,频率调节由 7/270pF电容完成。U_s 从三极管的基极输入,进行高频放大,简称"高放",属共射组态。变频电路的特点就是混频器也兼作本机振荡电路,产生 U_L。此本振电路属于变压器正反馈 LC 振荡电路,电路是正反馈,符合振荡相位条件。本振电路的正反馈从三极管的发射极输入,属共基组态。U_L 的谐振频率在 1000～2070kHz 范围内可调,频率调节由 C_7 完成。外来信号 U_s 与本振信号 U_L 利用三极管的非线性区域混频后产生新的频率,其中包含 f_L-f_s ＝465kHz。图的右上角 1000pF 的电容和 L_5 构成一个单调谐谐振回路,初级谐振在 f_L-f_s ＝465kHz 上。单调谐回路选出差频后耦合至下级进行中频放大。图中 7/270pF 和 C_8 是双连可变电容器,它是同轴双连的两个完全相同的可变电容器,一起调节,保证电容变化量相同,目的是为了保证两个谐振电路产生的频率差值为 f_L-f_s ＝465kHz。但双连可变电容器很难保证谐振电路产生的频率差值为 f_L-f_s ＝465kHz,所以电路通常又在两边利用两个微调电容进行频率补偿。

三、二极管混频器

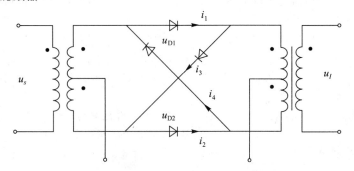

图 5-39　二极管环形混频电路

在高质量通信设备中以及工作频率较高时,常使用二极管平衡混频器或环形混频器。其优点是噪声低、电路简单、组合分量少。图 5-39 所示是二极管平衡混频器的原理电路。输入信号 u_s 为已调信号;本振电压为 u_L,有 $U_L \gg U_s$,二极管处于大信号工作状态,u_{D1} 和 u_{D2}

受 u_L 控制工作在开关状态。与其他(晶体管和场效应管)混频器比较,二极管混频器虽然没有变频增益,但由于具有动态范围大、线性好(尤其是开关环形混频器)及使用频率高等优点,仍得到广泛的应用。特别是在微波频率范围,晶体管混频器的变频增益下降,噪声系数增加,若采用二极管混频器,混频后再进行放大,可以减小整机的噪声系数。

本章小结

1. 本章首先介绍了相乘器电路,目前通信系统中常用的相乘器电路有两种:二极管构成的平衡相乘器电路以及晶体管构成的双差分对模拟相乘器电路。

2. 介绍各种振幅调制(普通振幅调制、抑制载波的双边带、抑制载波的单边带)的定义、表达式、波形、频谱与带宽及功率等性能指标,以及各种调制的原理以及实现电路。

3. 介绍调幅信号的同步检波(相干解调)和包络检波的解调原理以及实现电路。

4. 介绍混频原理、性能指标以及实现电路。

习题 5

5−1 简述同步检波器与非同步检波器之间的异同?

5−2 画出移相法单边带调幅电路组成模型图,并用解析式说明是如何由双边带信号获得单边带信号的。

5−3 试用相乘器、相加器、滤波器组成产生下列信号的框图(1)AM 波;(2) DSB 信号;(3)SSB 信号。

5−4 试分析与解释下列现象:

(1)在某地,收音机接收到 1090 kHz 信号时,可以收到 1323 kHz 的信号;

(2) 收音机接收 1080 kHz 信号时,可以听到 540 kHz 信号;

(3)收音机接收 930 kHz 信号时,可同时收到 690 kHz 和 810 kHz 信号,但不能单独收到其中的一个台(例如另一电台停播)。

5−5 设变频器的输入端除有用信号($f_S = 20$ MHz)外,还作用着两个频率分别为 $f_{J1} = 19.6$ MHz,$f_{J2} = 19.2$ MHz 的电压。已知中频 $f_I = 3$ MHz,问是否会产生干扰? 干扰的性质如何?

5−6 已知调制信号 $u_\Omega(t) = 2\cos(2\pi \times 500t)\,\mathrm{V}$,载波信号 $u_c(t) = 4\cos(2\pi \times 10^5 t)\,\mathrm{V}$,令比例常数 $k_a = 1$,试写出:

(1)调幅波表示式;

(2)求出调幅系数及频带宽度;

(3)画出调幅波波形及频谱图。

5−7 已知载波电压为 $u_c(t) = U_C\cos\omega_c t$,调制信号为三角波,如题 5-7 图所示,若 $f_c \gg 1/T_\Omega$,分别

画出：

(1)$m=0.5$ 时所对应的 AM 波波形以及 DSB 波波形。(2)$m=1$ 时所对应的 AM 波波形。

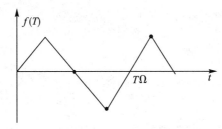

题 5-7 图

5-8　有一调幅波,载波功率为 100W,试求当 $Ma=1$ 和 $Ma=0.3$ 时的总功率、边频功率和每一边频功率。

5-9　某发射机输出级在负载 $R_L=100\Omega$ 上的输出信号为 $u_0(t)=4(1-0.5\cos\Omega t)\cos\omega_c t$ V。求总的输出功率 P_{av}、载波功率 Pc 和边频功率 P 边频。

5-10　一调幅发射机的载波输出功率 $P_{OT}=10kW$, $Ma=70\%$,无论采取何种高电平调幅方案,都假定被调级的平均集电极效率 η_{cav} 为 50%。试求：上、下边频功率之和 $\sum P_{w_0\pm\Omega}$。

5-11　某调幅发射机的调制制式为普通调幅波,已知载波频率为 500kHZ,载波功率为 100kW,调制信号频率为 $0.02\sim5kHz$,调制系数为 $m=0.5$,试求该调幅波的：

(1)频带宽度；

(2)在 $m=0.5$ 调制系数下的总功率；

(3)在最大调制系数下的总功率。

5-12　若调幅波 $u_c(t)=20(5+2\sin 6280t)\cos 3.14\times10^6 t$,求

(1)调幅系数；

(2)通频带；

(3)若把该电压加到 $R_L=2\Omega$ 电阻上,则载波功率是多少？下边频功率是多少？

5-13　分析题 5-13 图,按要求回答以下问题：

(1)如果要求该电路输出双边带调幅信号,则 U_1 和 U_2 分别为什么信号？

(2)如果要求该电路输出低频调制信号,则 U_1 和 U_2 分别为什么信号？

(3)如果要求该电路输出中频调幅波信号,则 U_1 和 U_2 分别为什么信号？

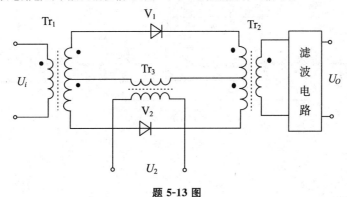

题 5-13 图

5—14 试分析题 5-14 图所示调制器。图中，C_b 对载波短路，对音频开路；$u_C = U_C \cos \omega_c t$，$u_\Omega = U_\Omega \cos \Omega t$

(1)设 U_C 及 U_Ω 均较小，二极管特性近似为 $i = a_0 + a_1 u^2 + a_2 u^2$. 求输出 $u_o(t)$ 中含有哪些频率分量（忽略负载反作用）？

(2)如 $U_C \in U_\Omega$，二极管工作于开关状态，试求 $u_o(t)$ 的表示式。

（要求：首先，忽略负载反作用时的情况，并将结果与（1）比较；然后，分析考虑负载反作用时的输出电压。）

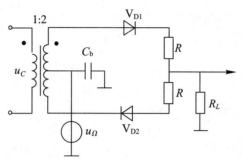

题 5-14 图

5—15 调制电路如题 5-15 图所示。载波电压控制二极管的通断。试分析其工作原理并画出输出电压波形；说明 R 的作用（设 $T_\Omega = 13T_C$，T_C、T_Ω 分别为载波及调制信号的周期）。

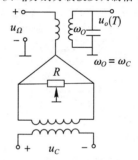

题 5-15 图

5—16 题 5-16 图所示为斩波放大器模型，试画出 A、B、C、D 各点电压波形。

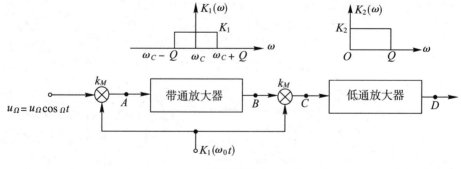

题 5-16 图

5—17 检波电路如题 5-17 图所示，其中 $u_s = 0.8(1 + 0.5\cos\Omega t)\cos\omega_C t\,\mathrm{V}$，$F = 5\mathrm{kHz}$，$f_C = 465\mathrm{kHz}$，$r_D = 125\Omega$. 试计算输入电阻 R_i、传输系数 K_d，并检验有无惰性失真及底部切削失真。

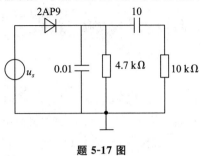

题 5-17 图

角度调制与解调电路

频率调制(frequency modulation),简称"调频(FM)",是用调制信号控制高频载波的瞬时频率,使其按调制信号的变化规律变化,振幅保持不变。相位调制(Phase modulation),简称"调相(PM)",是用调制信号控制高频载波的瞬时相位,使其按调制信号的变化规律变化,振幅保持不变。

调频和调相都表现为载波信号的瞬时相位受到调变,故称为"角度调制",简称"调角"。

在振幅调制系统中,调制的结果实现了频谱的线性搬移;而在角度调制系统中,调制的结果产生了频谱非线性搬移,已调高频信号的频谱结构不再是将低频调制信号频谱进行线性搬移的结果,所以,角度调制与解调的实现方法与振幅调制与解调有所不同。

本章首先讨论角度的基本原理,然后讨论调频与解调电路的工作原理,最后介绍集成调频发射机与接收机的典型芯片及其应用。

6.1 调角信号的基本特性

6.1.1 载波信号的瞬时角频率与瞬时相位

载波信号通常定义是一正弦振荡器产生的余弦信号,用 $u(t) = U_m\cos[\varphi(t)] = U_m\cos[\omega_t + \varphi_0]$ 来表示。$\varphi(t)$ 称为"余弦信号的瞬时相位",它是时间的函数,ω 是载波信号的角频率,φ_0 是载波信号的初始相位,即假定在 $t=0$ 时的信号相位(一般 $-\pi \leqslant \varphi_0 \leqslant \pi$)。在幅度调制信号中,$\varphi(t)$ 是时间的线性函数,即 ω 与 φ_0 是常数,而在本章角度调制中,ω 或 φ_0 将与调制信号幅度有关,即实现调角。需要说明的是在相位调制信号中 φ_0 是变量,一般用 $\Delta\varphi(t)$ 表示。

6.1.2 调频信号与调相信号的数学表达式

一、调频信号

未调制时的调频电路输出电压瞬时角频率为常数,通常设为 ω_c(载波频率),则未调制时的调频电路输出电压可表示为

$$u(t) = U_m\cos(\omega_c t + \varphi_0) \tag{6-1}$$

当输入调制信号 $u_\Omega(t)$ 后,根据调频波的定义,载波信号的瞬时角频率 $\omega(t)$ 将在 ω_c 的基础上按照 $u_\Omega(t)$ 的规律变化,即

$$\omega(t) = \omega_c + k_f u_\Omega(t) = \omega_c + \Delta\omega(t) \tag{6-2}$$

式中,k_f 是由调频电路决定的比例常数,其单位为 rad/(s・v)。$\Delta\omega(t) = k_f u_\Omega(t)$ 是叠加在 ω_c 上的按调制信号规律变化的瞬时角频率,通常称为"瞬时角频率偏移"。

根据信号的瞬时相位与瞬时角频率关系,可得

$$\varphi(t) = \omega_c t + k_f \int_0^t u_\Omega(t)\mathrm{d}t + \varphi_0 = \omega_c t + \Delta\varphi(t) + \varphi_0 \tag{6-3}$$

式中 $\Delta\varphi(t) = k_f \int_0^t u_\Omega(t)\mathrm{d}t$,说明当输入调制信号 $u_\Omega(t)$ 后,不仅使瞬时角频率变化了 $\Delta\omega(t)$,也使瞬时相位变化了 $\Delta\varphi(t)$,$\Delta\varphi(t)$ 为叠加在 $\omega_c t$ 上的附加相位变化,通常称为"附加相位"。为简化分析,可令 $\varphi_0 = 0$,则调频信号可表示为

$$u_{\mathrm{FM}} = U_m \cos\left[\omega_c t + k_f \int_0^t u_\Omega(t)\mathrm{d}t\right] \tag{6-4}$$

当调制信号为单频信号时,设 $u_\Omega(t) = u_{\Omega m}\cos(\Omega t)$,则调频信号的 $\omega(t)$,$\varphi(t)$ 和 $u_{\mathrm{FM}}(t)$ 的数学表达式分别为

$$\omega(t) = \omega_c + k_f u_{\Omega m}\cos(\Omega t) = \omega_c + \Delta\omega_m\cos(\Omega t) \tag{6-5}$$

$$\varphi(t) = \omega_c t + \frac{k_f u_{\Omega m}}{\Omega}\sin(\Omega t) = \omega_c t + m_f\sin(\Omega t) \tag{6-6}$$

$$u_{\mathrm{FM}} = U_m\cos\left[\omega_c t + m_f\sin(\Omega t)\right] \tag{6-7}$$

其中

$$\Delta\omega_m = 2\pi\Delta f_m = k_f u_{\Omega m} \tag{6-8}$$

$$m_f = \frac{k_f u_{\Omega m}}{\Omega} = \frac{\Delta\omega_m}{\Omega} = \frac{\Delta f_m}{F} \tag{6-9}$$

$\Delta\omega_m$ 称为"最大角偏移",它是由调制信号引起的瞬时角频率偏移 ω_c 的最大值,与调制信号的振幅 $U_{\Omega m}$ 成正比。m_f 称为"调频指数",它表示调频信号的最大附加相位。

调频信号的有关波形如图 6-1 所示。图中,(a)为调制信号波形;(b)为瞬时角频率波形,它是在载频 ω_c 的基础上叠加了受调制信号控制的变化部分;(c)为附加相移 $\Delta\varphi(t)$ 变化波形和瞬时相移 $\varphi(t)$;(d)为调频信号波形。

由波形(d)可以看出,当调制信号 $U_\Omega(t)$ 为波峰时,调频波的瞬时角频率最大,等于 $\omega_c + \Delta\omega_m$,调频波波形最密,当 $U_\Omega(t)$ 为波谷时,调频波的瞬时角频率最小,等于 $\omega_c - \Delta\omega_m$ 调频波波形最疏。

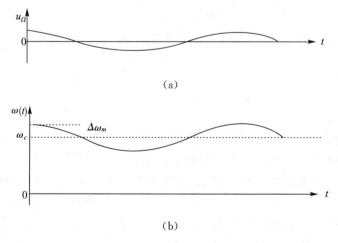

(a)

(b)

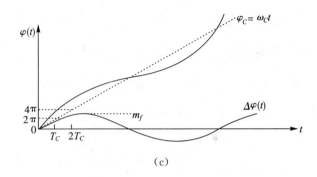

(c)

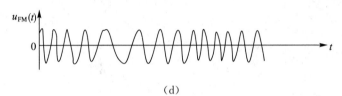

(d)

图 6-1　调制信号、调频信号波形图

二、调相信号

根据定义知,调相时载波信号的相位与调制信号成正比。设调制信号 $u_\Omega(t)$,则调相信号的瞬时相位为

$$\varphi(t) = \omega_c t + k_p u_\Omega(t) = \omega_c t + \Delta\varphi(t) \qquad (6-10)$$

式中, $\Delta\varphi(t) = k_p u_\Omega(t)$ 为随调制信号而变的附加相位, k_p 是由调相电路决定的比例常数,单位为 rad/V。因此可得调相信号的数学表示式为

$$u_{PM}(t) = U_m \cos[\varphi(t)] = U_m \cos[\omega_c t + k_p u_\Omega(t)] \qquad (6-11)$$

根据信号的瞬时角频率与瞬时相位关系,可得

$$\omega(t) = \frac{\mathrm{d}\varphi(t)}{\mathrm{d}t} = \omega_c + k_p \frac{\mathrm{d}u_\Omega(t)}{\mathrm{d}t} \qquad (6-12)$$

当单音频调制时,设 $u_\Omega(t) = U_{\Omega m}\cos(\Omega t)$,则调相信号的 $\varphi(t)$, $\omega(t)$, $u_{PM}(t)$ 分别为

$$\varphi(t) = \omega_c t + k_p U_{\Omega m}\cos(\Omega t) = \omega_c t + m_p\cos(\Omega t) = \omega_c t + \Delta\varphi(t) \qquad (6-13)$$

$$\omega(t) = \omega_c - m_p\Omega\sin(\Omega t) = \omega_c - \Delta\omega_m\sin(\Omega t) \qquad (6-14)$$

$$u_{PM}(t) = U_m\cos[\omega_c + m_p\cos(\Omega t)] \qquad (6-15)$$

其中

$$m_p = k_p U_{\Omega m} \qquad (6-16)$$

$$\Delta\omega_m = m_p\Omega \qquad (6-17)$$

m_p 称为"调相指数",它代表调相波的最大附加相位,单位为 rad; $\Delta\omega_m$ 为最大角频率偏移,它表示调相时瞬时角频率偏离载波角频率 ω_c 的最大值。

调相信号的有关波形如图 6-2 所示,请注意与调频信号的相应波形作比较。图中,(a)为调制信号波形,(b)为调相信号的附加相位,它与调制信号的变化规律是一致的;(c)为调相信号瞬时角频率变化的波形,它在 ω_c 的基础上叠加了 $-\Delta\omega_m\sin(\Omega t)$;(d)为调相信号波形,它在 $\omega(t)$ 为波峰时最密,在 $\omega(t)$ 为波谷时最疏。

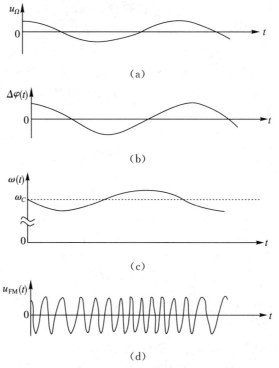

图 6-2 调制信号、调相信号波形图

三、调频信号与调相信号的时域比较

为便于比较,将调频和调相信号的有关表示式列于表 6-1 中。由表可见,调频信号和调相信号的相同之处是载波信号振幅都保持不变,区别是按调制信号规律线性变化的物理量不同,对调频信号,$\Delta\omega(t) = k_f u_\Omega(t)$,因此按调制信号规律线性变化的是瞬时角频率偏移,而对调相信号,$\Delta\varphi(t) = k_p u_\Omega(t)$,按照调制信号规律线性变化的是附加相位。

表 6-1 调频信号与调相信号的比较

	FM	PM
瞬时频率	$\omega(t) = \omega_c t + k_f u_\Omega(t)$	$\omega(t) = \omega_c t + k_P \dfrac{du_\Omega(t)}{dt}$
瞬时相位	$\varphi(t) = \omega_c t + k_f \displaystyle\int_0^t u_\Omega(t)\,dt$	$\varphi(t) = \omega_c t + k_P u_\Omega(t)$
最大频偏	$\Delta\omega_m = k_f \mid u_\Omega(t) \mid \max = k_f U_{\Omega m}$	$\Delta\omega_m = k_P \left.\left\| \dfrac{du_\Omega(t)}{dt} \right\|\right._{\max} = k_P \Omega U_{\Omega m}$
最大相移	$m_f = k_f \left.\left\| \displaystyle\int_0^t u_\Omega(t)\,dt \right\|\right._{\max} = \dfrac{k_f U_{\Omega m}}{\Omega}$	$m_P = k_p \mid u_\Omega(t) \mid_{\max} = k_p U_{\Omega m}$
表达式	$U_m \cos\left(\omega_c t + k_f \displaystyle\int_0^t u_\Omega(t)\,dt\right)$ $U_m \cos(\omega_c t + m_f \sin\Omega t)$	$U_m \cos(\omega_c t + k_P u_\Omega(t))$ $U_m \cos(\omega_c t + m_P \cos\Omega t)$

由于 $\Delta\omega(t)$ 与 $\Delta\varphi(t)$ 之间是微积分关系,因此,两种已调信号必然是相互联系的,从表 6-1 中看出,一个调频信号可看成是调制信号经过积分后再进行调相得到的,而一个调相

信号则可看成是调制信号经过微分后再进行调频得到的,这说明了调频和调相可以相互转换。

从表 6-1 中还可以看出,当调制幅度一定时,调频信号与调相信号的最大角频偏 $\Delta\omega_m$、最大附加相位(m_f 或 m_p)与调制信号角频率 Ω 之间的关系如图 6-3 所示。由图可见,当 Ω 由小增大时,调频信号中的 $\Delta\omega_m$ 保持不变,而 m_f 则成反比地减小;调相信号中的 m_p 保持不变,而 $\Delta\omega_m$ 则成正比地增大。

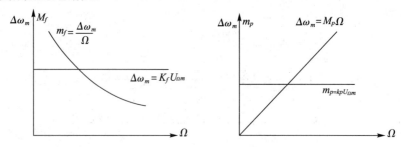

图 6-3 $\Delta\omega_m$、m_f/m_p 与 Ω 的关系

通过上面分析,我们可以总结调频与调相的异同点如下:

1. 相同点

(1) 二者都是等幅信号,其幅度为高频载波的振幅。

(2) 二者的频率和相位都随调制信号而变化,均产生频偏与相偏。

2. 不同点

(1) 二者的频率和相位变化的规律不一样。

(2)调频信号的调频指数 m_f 与调制频率有关,调相信号的最大频偏与调制频率有关。

例 6-1 已知调制信号 $u_\Omega(t) = 2\sin(2\pi \times 10^3 t)\text{V}$,调角信号表达式为 $u(t) = 5\cos[2\pi \times 10^7 t + 6\sin(2\pi \times 10^3 t)]\text{V}$,试说明该调角信号是调频信号还是调相信号,并求调制指数、最大频偏、载波频率和载波振幅。

解:由调角信号表达式得

$$\varphi(t) = \omega_c t + \Delta\varphi(t) = 2\pi \times 10^7 t + 6\sin(2\pi \times 10^3 t)$$

故

$$\omega(t) = \frac{\mathrm{d}\varphi(t)}{\mathrm{d}t} = \omega_c + \Delta\omega(t) = 2\pi \times 10^7 + 2\pi \times 6 \times 10^3 \cos(2\pi \times 10^3 t)$$

可见,调角信号的瞬时相位 $\varphi(t) = \omega_c t + \Delta\varphi(t) = 2\pi \times 10^7 t + 6\sin(2\pi \times 10^3 t)$,与调制信号 $u_\Omega(t)$ 的变化规律相同,均为正弦变化规律,故可判断此调角信号为调相信号,其最大角频偏 $\Delta\omega_m = 2\pi \times 6 \times 10^3 \text{rad/s}$,因此最大频偏为 $\Delta f_m = \Delta\omega_m/2\pi = 6 \times 10^3 \text{Hz}$ 由上面的 $\varphi(t)$ 表达式可知,调制指数 $m_f = 6\text{rad}$,载波频率 $f_c = 10^7 \text{Hz}$。在角度调制时,载波振幅是保持不变的,所以载波振幅为 $U_m = 5\text{V}$。

例 6-2 设载波为余弦信号,频率 $f_c = 25\text{MHz}$、振幅 $U_m = 4\text{V}$,调制信号为单频正弦波、频率 $F = 400\text{Hz}$,若最大频偏 $\Delta f_m = 10\text{kHz}$,试分别写出调频和调相信号表达式。

解:FM 波:

$$m_f = \frac{\Delta f_m}{F} = \frac{10 \times 10^3}{400} = 25$$

$$u_{\text{FM}}(t) = 4\cos(2\pi \times 25 \times 10^6 t - 25\cos 2\pi \times 400 t)\,\text{V}$$

PM 波：

$$m_p = \frac{\Delta f_m}{F} = 25$$

$$u_{\text{PM}}(t) = 4\cos(2\pi \times 25 \times 10^6 t + 25\sin 2\pi \times 400 t)\,\text{V}$$

6.1.3　调角信号的频谱与带宽

一、调角信号的频谱分析

由式(6－7)、(6－15)可见，在单频调制时，调频信号与调相信号数学表达式的差别仅在于附加相位的不同，前者的附加相位按正弦规律变化，而后者的按余弦规律变化。按正弦还是余弦变化并无本质差别，只是两者在相位上差 $\pi/2$ 而已，所以这两种信号的频谱结构是类似的。为了便于分析，分析时可将调制指数 m_f 或 m_p 用 m 代替，从而把调角信号表示式写成

$$u(t) = U_m \cos[\omega_c t + m\sin(\Omega t)] \tag{6－18}$$

利用三角函数公式可将该式改写成为

$$u(t) = U_m \cos[m\sin(\Omega t)]\cos(\omega_c t) - U_m \sin[m\sin(\Omega t)]\sin(\omega_c t) \tag{6－19}$$

由于式(6－19)是一个复杂函数，且频率不断变化，无法直接用傅里叶级数展开或进行频谱分析，为此引入一阶贝塞尔函数(Bessell)理论进行频谱分析，其已证明存在下列关系式

$$\cos[m\sin(\Omega t)] = J_0(m) + 2\sum_{n=1}^{\infty} J_{2n}(m)\cos(2n\Omega t) \tag{6－20}$$

$$\sin[m\sin(\Omega t)] = 2\sum_{n=0}^{\infty} J_{2n+1}(m)\sin[(2n+1)\Omega t] \tag{6－21}$$

式中的 $J_n(m)$ 称为"以 m 为宗数的 n 阶第一类贝塞尔函数"。将上面关系代入式(6－19)，得

$$
\begin{aligned}
u(t) =\ & U_m[J_0(m)\cos(\omega_c t) - 2J_1(m)\sin(\Omega t)\sin(\omega_c t) + \\
& 2J_2(m)\cos(2\Omega t)\cos(\omega_c t) - 2J_3(m)\sin(3\Omega t)\sin(\omega_c t) + \\
& 2J_4(m)\cos(4\Omega t)\cos(\omega_c t) - 2J_5(m)\sin(5\Omega t)\sin(\omega_c t) + \cdots] \\
=\ & U_m J_0(m)\cos(\omega_c t) + U_m J_1(m)\{\sin[(\omega_c + \Omega)t] - \cos[(\omega_c + \Omega)t]\} + \\
& U_m J_2(m)\{\cos[(\omega_c + 2\Omega)t] + \cos[(\omega_c - 2\Omega)t]\} + \\
& U_m J_3(m)\{\cos[(\omega_c + 3\Omega)t] + \cos[(\omega_c - 3\Omega)t]\} + \\
& U_m J_4(m)\{\cos[(\omega_c + 4\Omega)t] + \cos[(\omega_c - 4\Omega)t]\} + \\
& U_m J_5(m)\{\cos[(\omega_c + 5\Omega)t] + \cos[(\omega_c - 5\Omega)t]\} + \cdots
\end{aligned}
$$

$$\tag{6－22}$$

由式(6－22)可见：单频调制时调角信号的频谱不是调制信号频谱的线性搬移，而是由角频率为 ω_c 的载频分量与角频率为 $\omega_c \pm n\Omega$ 的无限对上、下频分量所构成的，这些边频分量和载频分量的角频率相差 $n\Omega$，其中 $n = 1,2,3,\cdots$。当 n 为奇数时，上、下边频分量的振幅相同但极性相反；当 n 为偶数时，上、下边频分量的振幅和极性都相同，且载频分量和各边频分量的振幅均随 $J_n(m)$ 变化，$J_n(m)$ 随 m、n 变化规律如图 6-4 所示。图 6-5 给出了在相同的载波和调制信号的作用下，m 分别为 0.2、0.5、1、2、4、6 时的调角波频谱图。由图 6-5 可见，

调制指数 m 越大,具有较大振幅的边频分量就越多;且有些边频分量的振幅超过载频分量振幅,而当 m 为某些特定值时,又可能使某些边频分量振幅等于零。

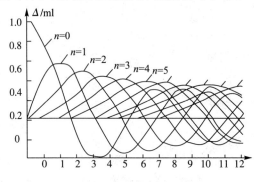

图 6-4　贝塞尔函数曲线

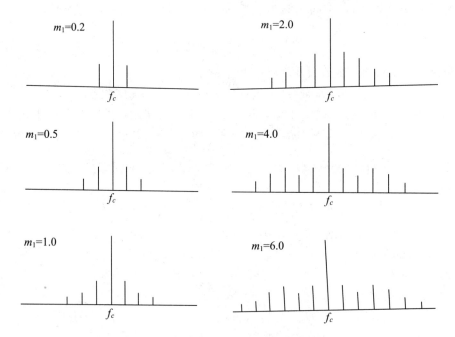

图 6-5　m_f 变化时的调频波频谱图

通过以上分析,我们知道,单一频率信号调制的调频信号频谱有以下特点:

①信号频谱由载频和无限对上、下边频分量 $\omega_c \pm n\Omega$ 组成。

②边频分量 $\omega_c \pm n\Omega$ 与载频相隔都是调制频率的整数倍。

③调制指数 m 越大,具有较大振幅的边频分量就越多,所占的频带就越宽。

④理论上边频数目是无穷大的,但对于一定的 m,当 $n > m+1$ 时其振幅可以忽略,所以调频信号的频带宽度实际上可认为是有限的。

⑤根据贝塞尔函数性质,可以证明,调角信号在单位电阻上的平均功率为

$$P_{AV} = \frac{U_m^2}{2} \qquad\qquad (6-23)$$

式(6-23)表明,当载波振幅 U_m 一定时,调角波的平均功率也就一定,且等于未调制的

载波功率,其值与调制指数 m 无关。也就是说,改变 m 仅使载波分量和各边频分量之间的功率重新分配,而总功率不会改变。

二、调角信号的频带宽度

根据调角信号的频谱特点可以看出,虽然从理论上讲边频分量有无限对,频带宽度为无限宽,但从图 6-4 中我们可以看出,当 m 一定时,随着 n 的增大,其边频分量幅度 $J_n(m)$ 的值大小虽有起伏,但总的趋势是减小的,这表明离开载频较远的边频振幅都很小。工程上通常规定,在传送和放大的过程中,幅度小于载波幅度的 0.1 的边频分量时,调角信号产生的失真可以忽略,因此调角信号所占的有效频带宽度是有限的。

可以证明,当 $n > m+1$ 时,$J_n(m)$ 的数值都小于 0.1,这样可以得到调角信号的有效频带宽度为

$$BW = 2(m+1)F \qquad (6-24)$$

式(6-24)是由卡森(Carson)提出,也称为"卡森公式"。由式可见,当 $m \ll 1$(工程上规定 $m < 0.25 \text{rad}$)时,调角信号的有效频带宽度为 $BW \approx 2F$。其值近似为调制信号的两倍,相当于普通调幅信号的频带宽度,称为"窄带调制"。

当 m 远大于 1 时,调角信号的有效频带宽度为

$$BW \approx 2mF = 2\Delta f_m \qquad (6-25)$$

称为"宽带调制",对于调频信号,由于 Δf_m 与 $U_{\Omega m}$ 成正比,因而当 $U_{\Omega m}$ 一定即 Δf_m 一定时,BW 也就一定了,其值与调制信号频率 F 无关;而对于调相信号,由于 $\Delta f_m = m_p F$,因而当 $U_{\Omega m}$ 一定即 m_p 一定时,BW 值与调制信号 F 成正比。

一般情况下 $m > 1$,带宽由 Δf_m 和 F 共同决定,即应根据式(6-24)计算带宽。上面讨论了单频调制的调角信号有效频带宽度,而实际应用中的调制信号多为复杂信号(有一定带宽的多频率信号),实践表明,复杂信号调制时,大多数调频信号占有的有效频带宽度仍可用式(6-24)表示,仅需将其中的 F 用调制信号中的最高频率 F_{max} 取代,Δf_m 用最大频偏 $(\Delta f_m)_{max}$ 取代。例如,在调频广播系统中,国家标准规定 $F_{max} = 15 \text{kHz}$,$(\Delta f_m)_{max} = 75 \text{kHz}$,则根据式(6-24)可得

$$BW = 2\left[\frac{(\Delta f_m)_{max}}{F_{max}} + 1\right]F_{max} = 180 \text{kHz}$$

实际选取的频带宽度为 200kHz。

例 6-3　调相指数 $m_p = 5$,假设载波振幅为 1V。分别画出调制信号的频率为 100Hz 和 15kHz 时调相波的频谱结构,并求出相应的频带宽度 BW。

解:由卡森公式可知,频谱中应该有 $m_p + 1 = 6$ 对边频,根据贝塞尔函数曲线或查表得载波及各边频分量的振幅为:

$J_0(5)$	$J_1(5)$	$J_2(5)$	$J_3(5)$	$J_4(5)$	$J_5(5)$	$J_6(5)$
0.18	0.33	0.05	0.36	0.39	0.26	0.13

1. $F=100\text{Hz}$ 的频谱：

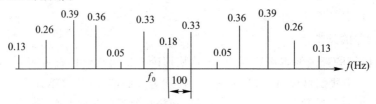

$$BW=2(m_P+1)F=2(6+1)100=1200\text{Hz}$$

2. $F=15\text{kHz}$ 的频谱：

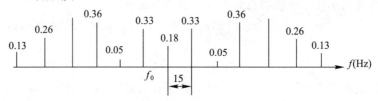

$$BW=2(m_P+1)F=2(6+1)15=1200\text{kHz}$$

附：

表 6-2 不同 m_f 对应的 $J_n(m_f)$ 值表

m_F	$J_0(m_F)$	$J_1(m_F)$	$J_2(m_F)$	$J_3(m_F)$	$J_4(m_F)$	$J_5(m_F)$	$J_6(m_F)$	$J_7(m_F)$
0.01	1.00							
0.20	0.99	0.10						
0.50	0.94	0.24						
1.00	0.77	0.44	0.11					
2.00	0.22	0.58	0.35	0.13				
3.00	0.26	0.34	0.49	0.31	0.13			
4.00	0.39	0.06	0.36	0.43	0.28	0.13		
5.00	0.18	0.33	0.05	0.36	0.39	0.26	0.13	
6.00	0.15	0.28	0.24	0.11	0.36	0.36	0.25	0.13

6.1.4 调角与调幅信号的比较

调角与调幅是两种常见的调制方式，我们熟悉的中短波和调频广播就是分别采用调幅与调频。由前面分析可以看出，调幅广播的发射功率与调制信号幅度有关，并且调制度越大，功率越大，而调频信号发射功率与调制度和信号大小无关。调幅波信号的幅度随调制信号变化而变化，其输出平均功率小于发射机的最大功率，而调频波为等幅信号，平均功率等于最大功率，因此，对于同一额定功率的发射机，调频通讯方式的通讯距离大于调幅方式。调幅波的频带宽度只是等于最大调制信号频率的两倍，而调频波频带宽度通常要大于调制信号频率的两倍，因此，在同样的波段内，所容纳的调频电台要比调幅的少，为此，调频广播电台一般工作在超高频段或微波波段。另外，实际信号传输过程中，空间杂乱信号对传输的信号幅度干扰要比频率干扰严重（称为"寄生调制"），因此，调频信号要比调幅信号抗干扰能力强。

6.2　调频电路

6.2.1　调频的实现方法与主要性能指标

一、实现方法

　　频率调制就是使载波频率与调制信号呈线性变化,实现这个调制的方法很多,常用的有直接调频和间接调频两种。

　　直接调频就是用调制信号直接控制电路器件,可以是产生正弦波的 LC 振荡器和晶体振荡器,也可以是产生非正弦波(例如方波、三角波等)的张弛振荡器。在 LC 正弦振荡器中,由于振荡频率近似等于 LC 回路的固有谐振频率,一般通常是振荡回路中接入可控电抗元件(可控电容或可控电感),如图 6-6 所示,用调制信号去控制可变电抗元件的电抗值,从而使振荡器的振荡频率随调制信号变化,适当选择电路参数,就可使载波频率与调制信号呈线性规律变化。特点是:振荡器与调制器合二为一;在实现线性调制的要求下,可以获得较大的频偏;电路相对简单;中心频率稳定度差。

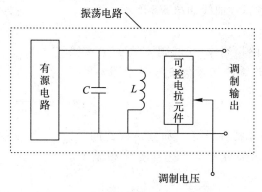

图 6-6　直接调频原理示意图

　　间接调频是根据 6.1 节所介绍的调频波与调相波之间的关系,先对调制信号进行积分,然后用它对载波进行调相,从而获得调频信号,其组成框图如图 6-7 所示。

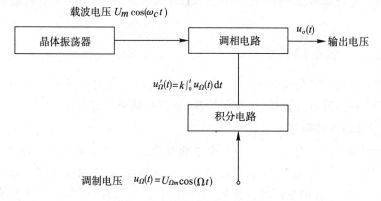

图 6-7　间接调频原理示意图

由图知：

$$u_o(t) = U_m \cos[\omega_c t + k_p u_\Omega(t)]$$
$$= U_m \cos\left[\omega_c t + k_p \frac{U_{\Omega m}}{\Omega}\sin(\Omega t)\right]$$
$$= U_m \cos[\omega_c t + m_f \sin(\Omega t)] \tag{6-26}$$

式中，$m_f = k_f U_{\Omega m}/\Omega$，$k_f = k_p k$。式(6-26)与调频信号表示式完全相同，说明通过积分、调相电路可间接获得调频信号。

由上面分析可以看出，间接调频电路的特点是：振荡器和调制器是两个相对独立的电路，因此，中心频率的稳定性由固定频率振动器的稳定性决定；但在实现线性调频的要求下，所获得频偏相对较小；电路结构相对复杂。

二、主要性能指标

调频电路的主要性能指标有中心频率及其稳定度、最大频偏、非线性失真及调制灵敏度等。

1. 调频特性

调频电路输出信号的瞬时频偏与调制电压的关系称为"调频特性"，理想调频特性应该是线性的，但实际的调频特性曲线如图6-8所示。

2. 调频灵敏度 $S_f = \Delta f_m/\Delta u$

单位调制电压产生的频偏称为"调频灵敏度"。在线性调频范围内，相当于调频比例系数 k_f，等于图6-8中过零点的曲线斜率。

3. 最大线性频偏

实际调频电路的调频特性只有一部分是线性的，其他都是非线性的。线性部分称为"最大线性频偏 $C_{jQ} = 15\text{pF}$"。

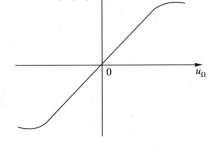

4. 载频稳定度 $\Delta f/f_c$

图6-8 调频特性曲线

调频电路的载频稳定性是指接收电路能够正常接收，而且不会造成邻近信道互相干扰的重要保证，应尽可能稳定。定义为中心频率偏离载波频率的相对误差。

调频广播系统要求载频漂移不超过 $\pm 2\text{kHz}$，调频电视伴音系统要求载频漂移不超过 $\pm 500\text{Hz}$。

6.2.2 变容二极管直接调频电路

可用于实现直接调频的可变电抗元件很多，目前应用最为广泛的是变容二极管。它构成的直接调频电路具有电路简单、工作频率高、固有损耗小等优点。

一、电路组成与工作原理

变容二极管加反向偏置电压时，其势垒电容发生改变，如果把变容二极管作为LC正弦波振荡器的谐振回路中的电容，那么振动器的输出频率将随着加在变容二极管两端的调制电压的变化而变化，从而实现调频。变容二极管接入LC谐振回路的方法有直接接入和间接（部分）接入（就是说回路中还有其他电容与其组合接入），实际应用电路中通常是间接接入的方式,为了分析方便,揭示变容二极管调频电路的实现工作原理,这里主要介绍变容二极管直接接入 LC 谐振回路的实现原理,其基本电路如图 6-9(a)所示,E_Q 为变容二极管的静态偏置电压,它给变容二极管提供反向偏压,以保证变容二极管在调制电压作用时,始终工作于反偏状态,这样可以获得较好的压控电容特性。$u_\Omega(t)$ 为调制信号电压,它和 E_Q 相叠加后通过线圈 L 加到变容二极管的两端。为了既能将控制电压 E_Q 和 $u_\Omega(t)$ 有效地加到变容二极管两端,又能避免振荡回路与调制信号源之间的相互影响,图中需要辅助元件 L_c、C_b 和 C_c。其中,L_c 为高频扼流圈,它应对高频信号呈开路、对调制信号呈短路;C_b 为高频旁路电容,它应对高频信号呈短路、对调制信号呈开路;C_c 为隔直耦合电容,它应对高频信号呈短路,对调制信号呈开路,并用来防止直流电压 E_Q 通过 L 短路。这样,对高频振荡信号而言,振荡电路的等效电路(成为高频通路)如图 6-9(b)所示,其振荡频率由其电感 L 和变容二极管结电容 C_j 组成的回路固有频率决定。

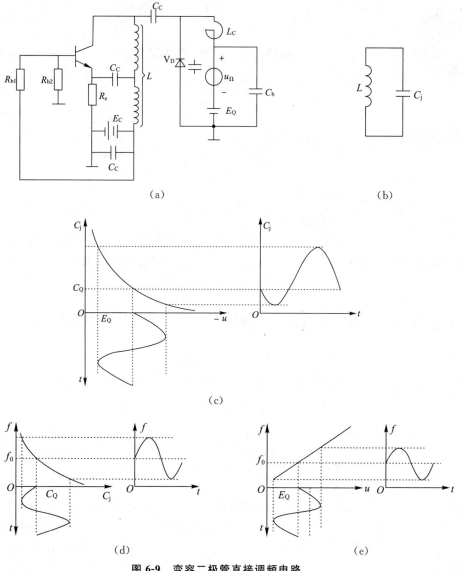

图 6-9　变容二极管直接调频电路

当忽略变容二极管两端的高频振荡电压时,加在变容二极管两端的电压为 $u = -[E_Q + u_\Omega(t)]$,由于变容二极管具有图 6-9(c)左边所示的压控电容特性,所以当 $u_\Omega(t)$ 变化时,电容量 C_j 随之变化。例如,当 $u_\Omega(t) = U_{\Omega m}\cos(\Omega t)$ 时,图解可得 C_j 的变化如图 6-9(c)右边所示,C_j 变化可得到图 6-9(d)所示的频率变化规律,这样振荡频率也随调制信号而变化,适当调节变容二极管的特性和电路参数,可以使振荡频率的变化与调制信号近似成线性关系,如图 6-9(e)所示,从而实现调频。

二、电路性能分析

已知变容二极管结电容 C_j 与外加电压 u 的关系为

$$C_j = \frac{C_{jo}}{\left(1 - \dfrac{u}{U_B}\right)^r} \tag{6-27}$$

式中,U_B 为 PN 结的内建电位差,C_{jQ} 为 $u=0$ 时的结电容;γ 为变容指数,它取决于 PN 结的工艺结构,取值范围为 $1/3 \sim 6$。

将 $u = -[E_Q + u_\Omega(t)]$ 代入式(6-27)中,可得变容二极管结电容随调制电压变化的规律为

$$C_j = \frac{C_{jQ}}{(1+x)^\gamma} \tag{6-28}$$

式中

$$C_{jQ} = \frac{C_{jO}}{\left(1 + \dfrac{E_Q}{U_B}\right)^r} \tag{6-29}$$

$$x = \frac{u_\Omega(t)}{E_Q + U_B} = \frac{U_{\Omega m}}{E_Q + U_B}\cos(\Omega t) = m\cos(\Omega t) \tag{6-30}$$

C_{jQ} 为变容二极管在静态偏压 E_Q 作用下呈现的电容值,x 为归一化的调制信号电压。实际应用中,变容二极管在 $u_\Omega(t)$ 的变化范围内须保持反偏,有 $|u_\Omega(t)| < E_Q$,所以 x 值恒小于 1。$m = \dfrac{U_{\Omega m}}{E_Q + U_B}$,称为"变容二极管的电容调制度",由于 $E_Q > U_{\Omega m}$,故 $m < 1$。

由于振荡器的振荡频率近似等于回路的谐振频率,由图 6-9(b)可得振荡频率为

$$f = \frac{1}{2\pi\sqrt{LC_j}} \tag{6-31}$$

将式(6-29)代入上式,可得振荡频率随归一化调制信号 x 变化的规律为

$$f(t) = f_c(1+x)^{\frac{\gamma}{2}} = f_c[1 + m\cos(\Omega t)]^{\frac{\gamma}{2}} \tag{6-32}$$

式中,$f_c = \dfrac{1}{2\pi L C_{jQ}}$ 为调制电压为零时的振荡频率,也是未受调制时的载波频率。

由式(6-32)可见,当 $\gamma = 2$ 时

$$f(t) = f_c[1 + m\cos(\Omega t)] \tag{6-33}$$

振荡频率 $f(t)$ 与 $m\cos(\Omega t)$ 成正比,即与调制信号 $u_\Omega(t)$ 成正比,从而实现了理想的线性调制。而当 γ 为其他值时,$f(t)$ 与 $u_\Omega(t)$ 之间的关系是非线性的,即调制特性是非线性的,因此调频电路所产生的调频信号会出现非线性失真。不过当调制信号足够小时,即使 $\gamma \neq 2$,也能获得近似的线性调制。

当 m 足够小时，可以忽略式(6-32)的级数展开式中的三次方及其以上各次方项，即

$$f(t) \approx f_c \left[1 + \frac{\gamma}{2}x + \frac{\gamma}{2}\frac{(\gamma/2-1)}{2!}x^2 \right]$$

$$= f_c \left[1 + \frac{\gamma}{8}\left(\frac{\gamma}{2}-1\right)m^2 \right] + \frac{\gamma}{2}mf_c\cos(\Omega t)$$

$$+ \frac{\gamma}{8}\left(\frac{\gamma}{2}-1\right)m^2 f_c\cos(\Omega t) \qquad (6-34)$$

式中等式右边第一项为固定值，为调频波的中心频率。由此可见，中心频率偏离了 f_c，这是由于调制特性非线性引起的，m 越小，即调制电压幅度越小，中心频率的偏离值就可减小；第二项反映调制信号变化规律，是线性调频项；第三项为二次谐波分量项，它也是由于调制特性非线性引起的，m 越小，二次谐波分量就越小。

由式(6-34)可见，当 m 足够小时，可忽略中心频率的偏离和谐波失真项，从而可获得近似的线性调制，这时，电路输出调频信号的瞬时频率近似为

$$f(t) \approx f_c + \frac{\gamma}{2}mf_c\cos(\Omega t) = f_c + \Delta f_m\cos(\Omega t) \qquad (6-35)$$

其最大频偏为

$$\Delta f_m = \frac{\gamma}{2}mf_c \qquad (6-36)$$

则调频灵敏度为

$$S_F = \frac{\Delta f_m}{U_{\Omega m}} = \frac{\gamma}{2}\frac{mf_c}{E_{\Omega m}} = \frac{\gamma}{2}\frac{f_c}{2E_Q + U_B} \qquad (6-37)$$

综上可见，将变容二极管全部接入振荡回路来构成直接调频电路时，为减小非线性失真和中心频率的偏离，应设法使变容二极管工作在 $\gamma=2$ 的区域，若 $\gamma \neq 2$，则应限制调频信号的大小。

为了减小 $\gamma \neq 2$ 所引起的非线性，以及减小因温度、偏置电压等对 C_{jQ} 的影响所造成的调频波中心频率的不稳定，在实际应用中，常采用变容二极管间接接入振荡回路方式，典型电路如图6-10所示。图中变容二极管首先和电容 C_5 串接，然后与 C_2 和 C_3 串接后的等效电容并接到振荡回路中，因而降低了 C_j 对振荡频率的影响，提高了中心频率的稳定度；但采用变容二极管部分接入回路而构成的调频电路，其调制灵敏度和最大频偏都要降低。

如果将回路的总电容等效成一个可变电容，则通过理论分析其等效变容指数将减少，因此为了实现线性调频，要选用变容指数大于2的变容二极管。在实际电路中，C_5 一般取值较大，影响振荡频率的低端，C_2 和 C_3 串联值一般较小，影响振荡频率的低端，这样可以相对扩展线性调制范围。

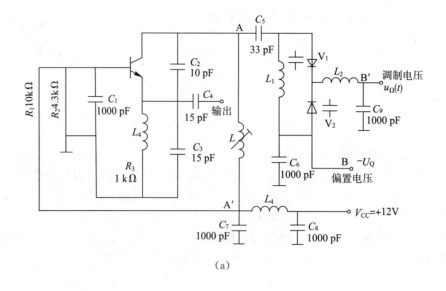

(a)

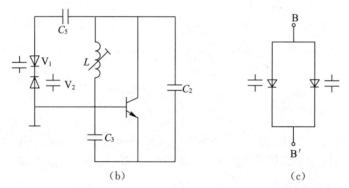

（b）   （c）

图 6-10　变容二极管部分接入回路的直接调频电路

三、电路实例

1. 变容二极管部分接入回路的直接调频电路

图 6-10 所示为某通信设备中的变容二极管直接调频电路,调节变容二极管的偏置电压 U_Q 和电感 L 值,可使其中心频率在 50MHz 至 100MHz 范围内变化。这是一个由 L、C_2、C_3、C_5 变容管和晶体管构成的电容三点式振荡器,其交流通路如图 6-10(b)所示,图中采用了两个变容二极管,并且将它们同极性相接(通常称为"背靠背相接"),可以减小振荡电压对电容二极管的影响。由于扼流圈 L_1 和 L_2 对高频信号开路、对直流和调制信号短路,因此对从 B 和 B' 端加入的直流偏置电压和调制信号来说,两只变容管相当于并联,如图 6-10(c)所示,故两管所处的偏置点和受调状态时相同。

2. 晶体振荡器直接调频电路

图 6-11 所示为利用变容二极管对晶体振荡器进行直接调频组成的无线话筒的发射电路。图中晶体的标称频率为 30MHz,晶体管 VT2 组成振荡与放大电路。振荡回路由变容二极管、晶体以及 VT2 的基发极的两个 100pF 电容组成;VT2 集电极 LC 回路调谐在晶体频率的三次谐波(90MHz)上,故该电路还兼有三倍频功能,目的是提高最大频偏。图中 VT1 组成话筒放大电路,$2.2\mu H$ 电感是高频扼流圈,减小 VT1 的输出阻抗对振荡器的影

响,同时给变容二极管加上反偏。

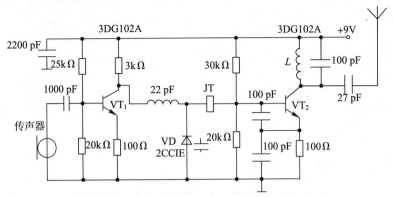

图 6-11　变容二极管对晶体振荡器进行直接调频电路

6.2.3 间接调频电路

一、实现方法

间接调频是将调制信号先积分处理,然后再用积分信号进行调相,从而实现间接调频。实现间接调频的关键是要有性能优越的调相电路,实现调相的方法很多,主要可归纳为矢量合成法[又称"阿姆斯特朗法(Armstrong Method)"]、可变相移法和可变时延法,下面主要讨论调相实现电路原理。

1. 矢量合成法调相电路

单音调制时,调相信号可表示为

$$u_{PM}(t) = U_m \cos[\omega_c t + m_p \cos(\Omega t)]$$
$$= U_m \cos(\omega_c t)\cos[m_p \cos(\Omega t)] - U_m \sin(\omega_c t)\sin[m_p \cos(\Omega t)] \quad (6-38)$$

当 $m_p < (\pi/12)$ rad,即 $m_p < 15°$时(窄带调相),有

$$\cos[m_p \cos(\Omega t)] \approx 1, \sin[m_p \cos(\Omega t)] \approx m_p \cos(\Omega t) \quad (6-39)$$

所以,式(6-38)可简化为

$$u_{PM}(t) \approx U_m \cos(\omega_c t) - U_m m_p \cos(\Omega t)\sin(\omega_c t) \quad (6-40)$$

式(6-40)表明:窄带调相信号近似由一个载波信号 $U_m \cos(\omega_c t)$ 和一个双边带信号 $U_m m_p \cos(\Omega t)\sin(\omega_c t)$ 叠加而成,实现电路模型如图 6-12(a)所示。这种叠加也可用矢量图来描述,如图 6-12(b)所示,水平矢量 $\overrightarrow{OA}$ 表示载波信号 $U_m \cos(\omega_c t)$,垂直矢量 $\overrightarrow{AB}$ 表示双边带信号

$$-U_m m_p \cos(\Omega t)\sin(\omega_c t) = u_m m_p \cos(\Omega t)\cos(\omega_c t + \pi/2) \quad (6-41)$$

合成矢量 $\overrightarrow{OB}$ 就是调相信号 $u_{PM}(t)$,$u_{PM}(t)$ 相对于载波信号的附加相位为

$$\Delta\varphi(t) = \arctan[m_p \cos(\Omega t)] \quad (6-42)$$

由于 $m_p < (\pi/12)$ rad,m_p 很小,故可得

$$\Delta\varphi(t) \approx m_p \cos(\Omega t) \quad (6-43)$$

可见,通过这种合成法可实现窄带调相。不过,我们还可以发现 $u_{PM}(t)$ 的幅度(矢量长度)也随调制信号变化而变化,产生了寄生调幅,因而需要通过限幅电路消除。

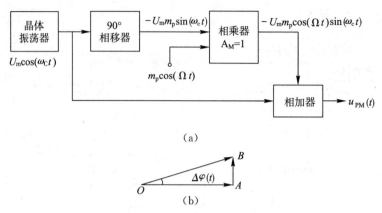

(a)

(b)

图 6-12 矢量合成原理构成的调相电路模型

2. 可变相移法调相电路

可变相移法调相电路的实现模型如图 6-13 所示,将晶体振荡器产生的载波电压通过一个可控相移网络,该网络在 ω_c 上产生的相移 $\varphi(\omega_c)$ 受调制电压控制,并与调制电压成正比,即

$$\varphi(\omega_c) = k_p u_\Omega(t) \tag{6-44}$$

因此从相移网络的输出端可得调相信号

$$u_{PM}(t) = U_m\cos[\omega_c t + \varphi(\omega_c)] = U_m\cos[\omega_c t + k_p u_\Omega(t)] \tag{6-45}$$

图 6-13 可变相移法调相电路的实现模型

实现可控相移网络又有多种方法,常用 LC 并联网络实现。用调制信号控制 LC 回路的电抗元件 C 来实现。我们知道,回路中电抗元件 C 用变容二极管来作为可控器件,由直接调频部分介绍的 LC 回路特性和 LC 并联回路固有特性可知,当 LC 回路的固有频率随调制信号变化而变化,这样当通过回路的信号频率为固定 ω_c 时,回路输出信号会产生附加的相位移,实际实现电路如图 6-14 所示。

图 6-14 中 C_1 和 C_2 是耦合电容,L 与变容二极管组成相移网络;C 是积分电容,和 R 组成积分电路,将调制信号转化为积分调制信号,C 对输入的载波信号短路,因此可以实现间接调频。下面从数学角度简要分析电路工作原理:

设 $u_\Omega(t) = U_{\Omega m}\cos(\Omega t)$,电路满足 $R \gg 1/\Omega C$,从而使 RC 电路对调制信号构成积分电路,则 $i_\Omega(t) \approx u_\Omega(t)/R$,实际加到变容二极管上的调制电压 $u'_\Omega(t)$ 为

$$u'_\Omega(t) = \frac{1}{C}\int_0^t i_\Omega(t)\,\mathrm{d}t \approx \frac{1}{RC}\int_0^t u_\Omega(t)\,\mathrm{d}t \tag{6-46}$$

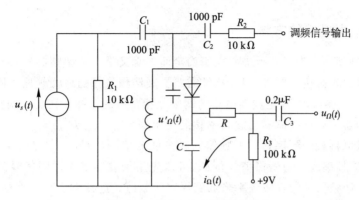

图 6-15　变容二极管调相电路

$$u'_{\Omega}(t) = \frac{1}{C} \int_0^t U_{\Omega m} \cos(\Omega t) \, dt = \frac{1}{\Omega RC} U_{\Omega m} \sin(\Omega t) = U'_{\Omega m} \sin(\Omega t)$$

据直接调频部分分析,可知

$$m_f = \frac{\gamma Q_e U_{\Omega m}}{(U_B + E_Q)\Omega RC}$$

$$\Delta \omega_m = m_f \Omega = \frac{\gamma Q_e U_{\Omega m}}{(U_B + E_Q)RC}$$

$$u_o(t) = I_{sm} Z(\omega_c) \cos[\omega_c t + \gamma m Q_e \sin(\Omega t)] = U_m \cos[\omega_c t + m_f \sin(\Omega t)] \quad (6-47)$$

由式(6-47)可知,图 6-14 电路可以实现间接调频。不过,上述两种调相电路产生的最大相位移一般很小,实际应用中还需采用扩展频偏方法来满足需要。

3. 可变时延法调相电路

可变时延法调相电路的实现模型如图 6-15 所示,将晶体振荡器产生的载波电压通过一个可控时延网络,得输出电压为

$$u_{PM}(t) = U_m \cos[\omega_c(t-\tau)] \quad (6-48)$$

式(6-48)中的延时 τ 受调制电压控制,并与调制电压成正比,即

$$\tau = k_d u_{\Omega}(t) \quad (6-49)$$

将式(6-49)代入式(6-48),可得

$$u_{PM}(t) = U_m \cos[\omega_c t - \omega_c k_d u_{\Omega}(t)] \quad (6-50)$$

式(6-50)中,附加相位 $\Delta\varphi(t) = -\omega_c k_d u_{\Omega}(t)$ 它与调制信号 $u_{\Omega}(t)$ 成正比,因而实现了线性调相。

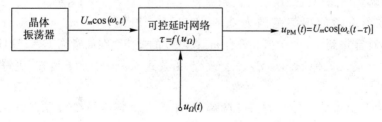

图 6-15　可变时法调相电路的实现模型

6.2.4 扩展最大频偏的方法

在实际调频电路中,为了获得中心频率稳定而失真又很小的调频信号,采用间接调频往往很难使它的最大频偏达到要求,因此常常需要扩展调频信号的最大频偏。同时,我们也知道,最大频偏 Δf_m 与调制线性是调频电路的两个互相矛盾的指标。在实际调频设备中,常采用倍频器和混频器来获得所需的载波频率和最大频偏。

利用倍频器可将载波频率和最大频偏同时扩展 n 倍,利用混频器可在不改变最大频偏的情况下,将载波频率改变为所需值。例如,可以先用倍频器增大调频信号的最大频偏,然后再用混频器将调频信号的载波频率降低到规定的数值。这种方法对于直接调频电路和间接调频电路所产生的调频波都是适用的。

实际上两种调频电路性能上的一个重要差别是调制特性非线性受限制的参数不同,间接调频电路为绝对频偏,与载波频率无关,而直接调频电路为最大相对频偏,与载波频率有关。如减小 ω_c 可以提升间接调频的相对频偏,这样可以再较低的载波频率下实现间接调频,容易产生较稳定的载波频率,然后采用倍频的方法可以提高绝对频偏;增加 ω_c 可以提升直接调频的绝对频偏,在绝对频偏一定时,可以要求电路降低相对频偏,从而获得良好的线性调制。

例 6-4 图 6-16 所示为某调频设备的组成框图,分析电路工作原理。

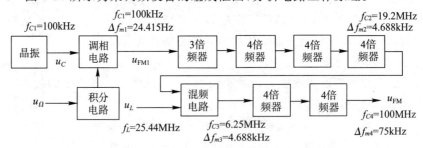

图 6-16 调频发射机组成框图

分析:调相器的线性范围限定调相指数 $m_p < 0.5$,对于间接调频来说,就是调频指数 $m_f < 0.5$。

根据音乐和话音信号电压幅度 $U_{\Omega m}$ 和公式 $\Delta f_m = k_p U_{\Omega m}$,选取调相电路的调相比例系数 k_p(在间接调频电路中就是调频比例系数 k_f),使频偏 $\Delta f_m = 24.415\,\mathrm{Hz}$。音乐和话音信号经带通滤波器选通的频率范围为 $0.1 \sim 15\,\mathrm{kHz}$。根据公式 $m_f = \Delta f_m / F$,在低音频 $F = 100\,\mathrm{Hz}$ 时,计算得到 $m_f = 0.25$,符合 $m_f < 0.5$ 的要求。在高音频 $F = 15\,\mathrm{kHz}$ 时,由于频偏与调制频率无关,$\Delta f_m = 24.415\,\mathrm{Hz}$ 不会改变,由公式 $m_f = \Delta f_m / F$ 可知,更符合 $m_f < 0.5$ 的要求。

100kHz 初始载波频率,24.415Hz 频偏,经 1 个 3 倍频器、3 个 4 倍频器的 192 次倍频后,载波频率增大为 19.2MHz,调频频偏增大为 4.68768kHz。

该调频信号再输入混频器,与频率等于 25.45 MHz 的本振信号频率相减,得到载频为 6.25MHz 的调频信号,而调频信号的频偏不会因混频而改变,仍为 4.68768kHz。

再通过 2 个 4 倍频器的 16 次倍频,载波频率增大为超高频频率 100MHz,频偏增大为

75kHz,送入高频功率放大器放大后,由天线发射到空中。

各调频广播电台的电路组成基本相同,只是送入混频器的本振信号频率在24.7～25.95 MHz范围内,从而产生的超高频载波频率对应在88～108MHz范围内各不相同,但频偏都是75kHz。

6.3 鉴频电路

调频信号的解调称为"频率检波",也称"鉴频",其作用是把包含在调频信号频率中的原调制信号检出;调相信号的解调则称为"相位检波",也称"鉴相",其作用是把包含在调相信号中的原调制信号检出。本节主要讨论鉴频,同时也对鉴相做必要的介绍。

6.3.1 鉴频电路的实现方法与主要性能指标

一、实现方法

从工作原理上讲,鉴频有两种实现方法:一种是将调频信号做波形变换,使变换后的波形幅度或平均值反映原调制信号的变化规律,从而实现解调;另一种是利用反馈(锁相环路)技术实现鉴频,这一种实现方法将在反馈控制章节中做介绍。第一种方法根据波形变换的不同,可以分为以下几种。

1.斜率鉴频器

其实现模型如图6-17所示。先将等幅调频信号送入频率－振幅线性变换网络,变换成幅度与调频信号频率成正比变化的调幅－调频信号,然后用幅度包络检波器进行检波,还原出原调制信号。

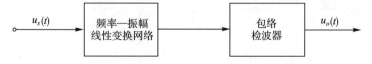

图6-17 斜率鉴频器实现模型

2.相位鉴频器

其实现模型如图6-18所示。先将等幅的调频信号送入频率－相位线性变换网络,使变换后信号产生的附加相位与输入频率成正比变化的调相－调频输出信号,然后通过相位检波器与原调频信号进行相位比较,解调出反映附加相位变化的电压,即还原出原调制信号。

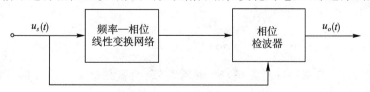

图6-18 相位鉴频器实现模型

3.脉冲计数式鉴频器

其实现模型如图6-19所示。先将等幅的调频信号送入非线性变换网络,将它变为调频等宽脉冲序列,由于该等宽脉冲序列含有的平均分量与瞬时频率成正比,因此通过低通滤波器就能取出包含在平均分量中的调制信号。

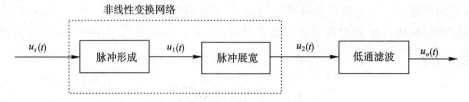

图 6-19　脉冲计数式鉴频器实现模型

其中,锁相环路鉴频和脉冲计数式鉴频又称为"直接鉴频",而把斜率鉴频和相位鉴频称为"间接鉴频"。

二、鉴频器的主要性能指标

鉴频器的主要特性是鉴频特性,反映输出电压 u_o 与输入信号频率 f 之间的关系。典型的鉴频特性曲线如图 6-20 所示。由图中实线可见,对应于调频信号的中心频率 f_c,输出电压 $u_o = 0$;当信号频率在 f_c 上上、下变化时,分别得到正、负输出电压(根据鉴频电路的不同,鉴频特性可与此相反,即鉴频曲线为 2、4 象限)。理想的鉴频特性应该是线性的,但实际上只有在中心频率 f_c 附近才能获得近似线性。

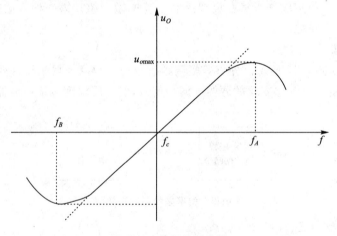

图 6-20　鉴频特性曲线

衡量鉴频特性的主要指标有:

(1)鉴频灵敏度。通常将鉴频特性曲线在中心频率 f_c 处的斜率称为"鉴频灵敏度",也称"鉴频跨导",用 S_D 表示,即

$$S_D = \frac{\Delta u_o}{\Delta f} \mid_{f=f_c} \qquad (6-51)$$

S_D 的单位为 V/Hz。鉴频特性越陡峭,S_D 就越大,表明鉴频电路将输入信号频率变化转换为电压变化的能力越强,即灵敏度越高。

(2)线性范围。即鉴频特性近似为直线所对应的最大频率范围,通常用 B_m 表示,为了实现不失真地解调,要求线性范围 B_m 大于调频信号最大频偏的两倍,即 $B_m > 2\Delta f_m$。线性范围也称为"鉴频电路的带宽"。

(3)非线性失真。由于鉴频特性在带宽范围内不是理想直线而使解调信号产生的失真称为"鉴频器的非线性失真"。

对于鉴频器,通常希望有大的鉴频灵敏度,并且要满足线性范围带宽和非线性失真指标的要求。

例 6-5　已知某鉴频器的输入调频信号 $u_s(t) = 5\cos[2\pi \times 10^8 t + 30\cos(2\pi \times 10^3 t)]$ V,鉴频灵敏度 $S_D = 5$ mV/kHz,鉴频器带宽 $2\Delta f_{max} = 150$ kHz,试画出该鉴频器的鉴频特性曲线和鉴频输出电压波形。

解:(1)由输入调频信号表达式可知,鉴频器的中心频率为 $f_c = 10^8$ Hz $= 10^5$ kHz。由 S_D 和 $2\Delta f_{max}$ 值可求得瞬时频率 f 偏离中心频率 75 kHz 处的解调输出电压为

$$u_o = 5 \times (\pm 75)\text{mV} = \pm 375\text{mV}$$

因此可画出鉴频特性曲线,如图 6-21(a)所示。

(2)由于 $u_s(t) = 5\cos[2\pi \times 10^8 t + 30\cos(2\pi \times 10^3 t)]$ V,故可得瞬时角频率为

$$\omega(t) = \frac{d\varphi(t)}{dt} = \frac{d}{dt}[2\pi \times 10^8 t + 30\cos(2\pi \times 10^3 t)]$$
$$= [2\pi \times 10^8 - 2\pi \times 30 \times 10^3 \sin(2\pi \times 10^3 t)]\text{rad/s}$$

因此可得瞬时频偏为

$$\Delta f(t) = -30 \times 10^3 \sin(2\pi \times 10^3 t)\text{Hz} = -30\sin(2\pi \times 10^3 t)\text{kHz}$$

可知最大频率偏移为 30 kHz,其值在线性鉴频带宽范围内,因此能够实现线性解调,其解调输出电压为

$$u_o = S_D \Delta f(t) = -5 \times 30\sin(2\pi \times 10^3 t)\text{mV} = -150\sin(2\pi \times 10^3 t)\text{mV}$$

画出其波形,如图 6-21(b)所示。

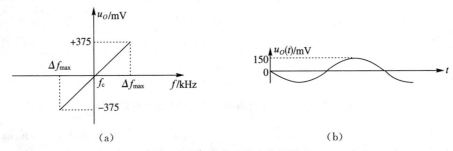

(a)	(b)

图 6-21　鉴频曲线和输出电压波形

6.3.2　斜率鉴频器

一、单失谐回路斜率鉴频器

由前面已学习过的斜率鉴频器实现模型可知,它由频率－振幅线性变换网络和包络检波两部分组成,其中频率－振幅线性变换网络的实现电路有多种,常用的是由 LC 回路组成,如图 6-22(a)所示。将并联回路的谐振频率 f_0 调离调频波中心调率 f_c,使调频信号的中心频率 f_c 工作在谐振曲线一边的 A 点上,如图 6-22(b)所示,把调频信号电压 $U_{FM}(t)$ 加到输入回路,如输入信号频率为 f_c,这时次级 LC 并联回路两端电压的振幅为 U_{ma};当输入信号频率变为 $f_c + \Delta f_m$ 时,工作点将移到 B 点,回路电压的振幅增加到 U_{mb};当输入信号频率变为 $f_c - \Delta f_m$ 时,工作点移到 C 点,回路两端电压振幅减小到 U_{mc},如图 6-22(b)所示。由上面

分析可知,在图 6-22(a)输入端加入调频信号的频率随时间变化时,次级回路两端电压的振幅也将随时间产生相应的变化,当调频信号的最大频率偏离 f_0 不大时,它所引起的输出电压振幅的变化与输入信号频率的变化近似成线性关系,所以利用 LC 并联回路谐振曲线的下降(或上升)部分,可使等幅的调频信号变成调幅－调频信号,其各点波形如图 6-22(a)所示。

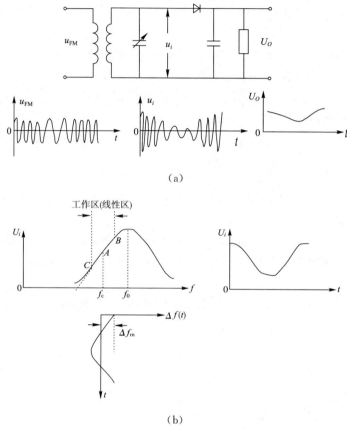

(a)

(b)

图 6-22　单失谐回路斜率鉴频器的电路和波形变换

上述构成的鉴频器电路由于是利用单个 LC 回路,且工作在失谐状态,因此通常称为"单失谐回路斜率鉴频器"。由于单谐振回路谐振曲线的线性度较差,线性带宽小,因此单失谐回路斜率鉴频器输出波形失真较大,质量不高,故实际很少使用。

二、双失谐回路斜率鉴频器

为了扩大鉴频特性的线性范围,实际的斜率鉴频器常采用两个单失谐回路斜率鉴频器构成的平衡电路,如图 6-23(a)所示,电路结构上下对称,所有对称器件参数一致。其中 f_{03}、f_{02} 分别为次级两个回路的谐振频率,它们对于 $f_c = f_{01}$ 是对称的,即 $f_c - f_{03} = f_{02} - f_c$ 这个差值必须大于调频信号的最大频偏,以避免鉴频失真,如图 6-23(b)、(c)所示。电路在输入调频信号作用下,次级回路两端产生的电压 $u_1(t)$、$u_2(t)$ 的幅频特性将与输入信号的频率变化呈线性关系,与单失谐回路斜率鉴频器原理一致,如图 6-22(a)所示 u_i。由图 6-23(b)可见,这两根幅频特性曲线的形状相同,且与回路谐振曲线的形状相同,以 f_c 为对称轴。

这样,$u_1(t)$ 和 $u_2(t)$ 分别经二极管检波得到的输出电压为 $u_{o1}(t)$ 和 $u_{o2}(t)$,其波形如图 6-24(b)、(c)所示。由于鉴频器的总输出电压 $u_o = u_{o1} - u_{o2}$,即 u_o 由 u_{o1} 和 $-u_{o2}$ 相叠加而

得,因此,可得到输出信号如图 6-24(d)所示,这样可得到图 6-23(c)所示的鉴频特性曲线。

双失谐回路鉴频器由于采用了平衡电路,上、下两个单失谐回路的鉴频器特性可相互补偿,使鉴频器的非线性失真减小,线性范围和鉴频灵敏度增大。

双失谐回路鉴频器鉴频特性的线性范围和线性度与两个回路的谐振频率 f_{03} 和 f_{02} 的配置很有关系,若配置恰当,两回路幅频特性曲线中的弯曲部分就可相互补偿,合成一条线性范围较大的鉴频特性曲线;否则,间隔过大合成的鉴频特性曲线会在 f_c 附近出现弯曲,过小则线性范围不能有效扩展,因此调整起来也不太方便。

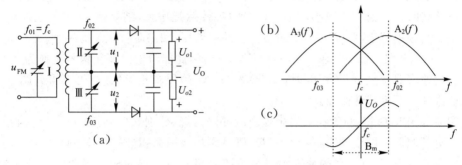

图 6-23　双失谐平衡鉴频器及鉴频曲线

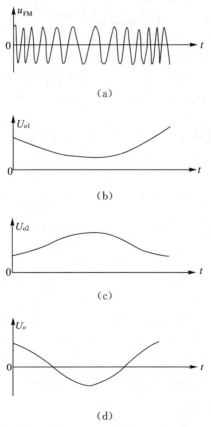

图 6-24　鉴频电路各点信号波形

三、集成电路中的斜率鉴频器

图 6-25 所示为集成电路中广泛采用的斜率鉴频器电路,称为"差分峰值斜率鉴频器",常用于电视接收机的伴音信号处理电路,如 D7176AP 等。图中 L_1、C_1 和 C_2 为实现频幅变换的线性网络,用来将输入调频信号电压 $u_i(t)$ 转换为两个幅度按瞬时频率变化的调幅—调频信号电压 $u_1(t)$ 和 $u_2(t)$。整个支路有两个谐振点,一个是 L_1C_1 并联回路的等效感抗与 C_2 的容抗相等,整个 LC 网络串联谐振,这时回路电流达到最大值,故 C_2 上的电压降 $u_2(t)$ 也为最大值,但此时因回路总抗接近于 0,所以 $u_1(t)$ 却为最小值,如图 6-26(a)中的 f_{02} 点;当频率升高时,C_2 的容抗减小,L_1C_1 回路的等效感抗增大,结果使 $u_2(t)$ 减小,$u_1(t)$ 增大。另一个是当频率等于 f_{01} 时,L_1C_1 回路产生并联谐振,回路阻抗趋于无穷大,此时 $u_1(t)$ 为最大值,$u_2(t)$ 却为最小值,如图 6-26(a)中的 f_{01} 点,因此能将输入调频信号变换为调幅—调频信号。调整回路参数,使 $f=f_0$ 时,$u_1(t)$ 和 $u_2(t)$ 的振幅相等,这样可以得到图 6-26(b)中所示的振幅—频率特性曲线。

图 6-25 中,Q_1 和 Q_2 管构成射极输出缓冲隔离级,分别处理 $u_1(t)$ 和 $u_2(t)$ 信号,以减小检波器对频幅转换网络的影响;Q_3 和 Q_4 管分别构成两只相同的晶体管峰值检波器,C_3、C_4 为检波器滤波电容,Q_5、Q_6 的输入电阻为检波电阻。检波器的输出解调电压经差分放大器 Q_5 和 Q_6 放大后,由 Q_6 管集电极单端输出,作为鉴频器的输出电压 u_o,显然,其值与 $u_1(t)$ 和 $u_2(t)$ 振幅的差值成正比。在 $f=f_c$ 时,$U_{1m}=U_{2m}$,输出电压 $u_o=0$;$f>f_c$,$U_{1m}>U_{2m}$,$u_o>0$;当 $f<f_c$ 时,$U_{1m}<U_{2m}$,$u_o<0$。故该鉴频器的鉴频特性如图 6-26(b)所示。这种鉴频器具有良好的鉴频特性,其中间部分的线性区比较宽,典型值可达 300kHz。调节 L_1C_1 和 C_2 可以改变鉴频特性曲线的形状,调节中心频率可改变线性范围、上下曲线的对称性等。

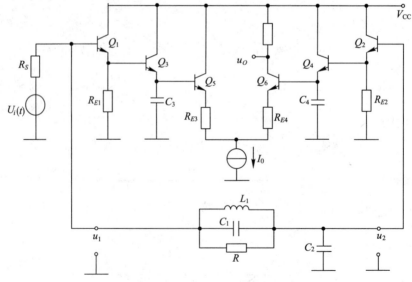

图 6-25　差分峰值斜率鉴频器

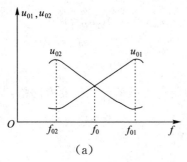 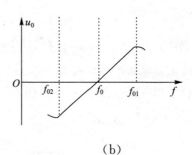

（a）　　　　　　　　　　　　　　（b）

图 6-26　斜率鉴频器的谐振点及鉴频特性

6.3.3　相位鉴频器

相位鉴频器包括数字鉴相器和模拟鉴相器两大类,这里只介绍模拟鉴相器,它主要有乘积型和叠加型两种。采用乘积型鉴相器构成的相位鉴频器称为"乘积型相位鉴频器",采用叠加型鉴相器构成的相位鉴频器称为"叠加型相位鉴频器"。

一、乘积型相位鉴频器

1. 乘积型鉴相器

与乘积型幅度检波类似,其实现模型如图 6-27 所示,模拟相乘器用来检出两个信号之间的相位差,并将相位差变换为电压信号 $u'_o(t)$,低通滤波器用于取出 $u'_o(t)$ 中的低频信号,滤除其中的高频信号,这样就可以得到解调输出电压 u_o。

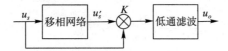

图 6-27　乘积型鉴相器原理框图

设 $u_s = U_1\cos(\omega_c t + m_f \sin\Omega t)$,经过移相后得到 $u'_s(t)$,则

$$u'_s(t) = U_2\cos(\omega_c t + m_f \sin\Omega t + \phi_e(t))$$

其中: $\phi_e(t) = \dfrac{\pi}{2} - \arctan(2Q_0\Delta f/f_0)$

则相乘器的输出信号 $u'_o(t)$ 为:

$$u'_o(t) = ku_s(t)u'_s(t)$$

$$= kU_1\cos[\omega_o t + \varphi(t)]U_2\cos\left[\omega_0 t + \frac{\pi}{2}\right]$$

$$= \frac{1}{2}kU_1U_2\left\{\cos\left(\varphi(t) - \frac{\pi}{2}\right) + \cos\left[2\omega_o t + \varphi(t) + \frac{\pi}{2}\right]\right\}$$

经过低通滤波器后输出信号 $u_o(t)$

$$u'_o(t) = \frac{1}{2}kU_sU_r\cos\left[\varphi(t) - \frac{\pi}{2}\right]$$

$$= \frac{1}{2}kU_sU_r\sin\varphi(t) \qquad\qquad (6-52)$$

如果满足 $|\varphi(t)| \leqslant \dfrac{\pi}{12}$,则有 $\sin\varphi(t) \approx \varphi(t)$

$$u_0(t) \cong \frac{1}{2}kU_1U_2\varphi(t) = \frac{1}{2}kU_1U_2k_pu_\Omega(t) = K_pu_\Omega(t) \tag{6-53}$$

即输出电压与调制信号呈线性关系,实现线性鉴相。

2. 单谐振回路频相变换网络

在乘积型相位鉴频器中,广泛采用 LC 单谐振回路作为频率一相位变换网络,其电路如图 6-28(a)所示。

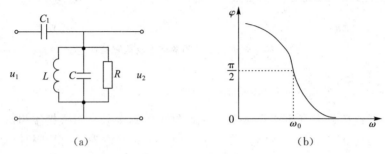

(a)　　　　　　　　　　　(b)

6-28　频率—相位变换网络和相频特性

由图可写出电路的电压传输系数为

$$A_u(j\omega) = \frac{U_2}{U_1} = \frac{1/\left(\frac{1}{R} + j\omega C - j\omega L\right)}{\frac{1}{j\omega C} + 1/\left(\frac{1}{R} + j\omega C - j\omega L\right)} = \frac{j\omega C_1}{\frac{1}{R} + j\left(\omega C_1 + \omega C - \frac{1}{\omega L}\right)} \tag{6-54}$$

令

$$\omega_0 = \frac{1}{\sqrt{L(C+C_1)}}, Q_0 = \frac{R}{\omega_0 L} \approx \omega(C+C_1)R$$

则得

$$A_u(j\omega) \approx \frac{j\omega_0 C_1 R}{1 + jQ_e\left(\frac{\omega^2}{\omega_0^2} - 1\right)} \tag{6-55}$$

在失谐不太大的情况下,式(6-55)可简化为

$$A_u(j\omega) \approx \frac{j\omega_0 C_1 R}{1 + jQ_e\frac{2(\omega - \omega_0)}{\omega_0}} \tag{6-56}$$

由此可以得到变换网络的幅频特性和相频特性分别为

$$A_u(\omega) = \frac{\omega_0 C_1 R}{\sqrt{1 + (2Q_e\frac{\omega - \omega_0}{\omega_0})^2}} \tag{6-57}$$

$$\varphi(\omega) = \frac{\pi}{2} - \arctan(2Q_e\frac{\omega - \omega_0}{\omega_0}) \tag{6-58}$$

根据式(6-58)可作出该频相变换网络的相频特性曲线,如图 6-28(b)所示。当输入信号频率 $\omega = \omega_0$ 时,$\varphi(\omega) = \pi/2$,当 ω 偏离 ω_0 时,相移 $\varphi(\omega)$ 在 $\pi/2$ 上下变化。当 $\omega > \omega_0$ 时,随着 ω 增大,$\varphi(\omega)$ 减小;$\omega < \omega_0$ 时,随着 ω 减小,$\varphi(\omega)$ 增大,因此该网络能把频率的变化转换为相移的变化。

当失谐量很小,使 $\arctan(2Q_e\dfrac{\omega-\omega_0}{2}) < \pi/6$ 时,式(6-58)可简化为

$$\varphi(\omega) \approx \frac{\pi}{2} - \frac{2Q_e}{\omega_0}(\omega-\omega_0) \qquad (6-59)$$

可见,当失谐量很小时,可得到近似线性的相频特性。

若输入 u_1 为调频信号,其瞬时角频率 $\omega(t) = \omega_c + \Delta\omega(t)$,且 $\omega_0=\omega_c$,则式(6-59)可写成

$$\varphi(\omega) \approx \frac{\pi}{2} - \frac{2Q_e}{\omega_0}\Delta\omega(t) \qquad (6-60)$$

可见,这时由变换网络产生的相移 $\varphi(\omega)$ 不仅产生 90°的相位移,而且产生了与调频信号的瞬时角频偏 $\Delta\omega(t)$ 成正比的相移,故为 90°的频相转换网络。如前面乘积型相位鉴频分析可知,如使谐振回路失谐较小时,图 6-28(a)所示电路能够实现不失真频相变换。

3.乘积型相位鉴频器实例

图 6-29 所示为某集成电路中的乘积型相位鉴频器,图中 $\mathrm{VT}_3 \sim \mathrm{VT}_8$ 构成双差分对模拟相乘器,调频信号 $u_{\mathrm{FM}}(t)$ 经 VT_1 射极跟随器放大后分为两路,一路由 500Ω 电阻上输出大信号 u_1 ,从 VT_7 的基极单端输入双差分电路;另一路由 50Ω 电阻上输出小信号 u_4 ,经 C_1、L、C 和 R 组成的 90°频相转换网络转换为调频—调相信号 u_5 ,再由 VT_2 射极跟随器放大为 u_2 ,从 VT_3、VT_6 的基极双端输入双差分电路。电源 V_{CC} 经 4 个二极管正向压降稳压,给 VT_4、VT_5 的基极加固定偏置电压。u_2 信号与 u_1 信号分别加到双差分对模拟相乘器的不同输入端,实现两个信号相乘,因而根据前面乘积型鉴相器原理分析可知,电路能够实现鉴频。

这种电路又叫"双差分正交相移鉴频电路",是由于 u_2 和 u_1 信号彼此正交。优点是易于集成、外接元器件较少、调试简单、鉴频线性好等,在鉴频集成电路中应用较广泛。

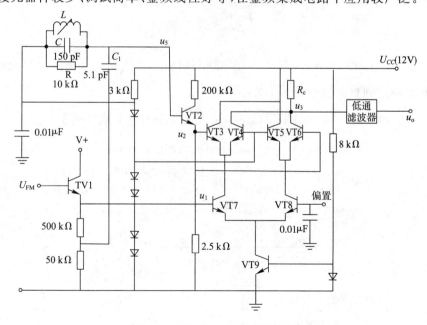

图 6-29　集成电路中的乘积型相位鉴频器

二、叠加型相位鉴频器

1. 叠加型鉴相器

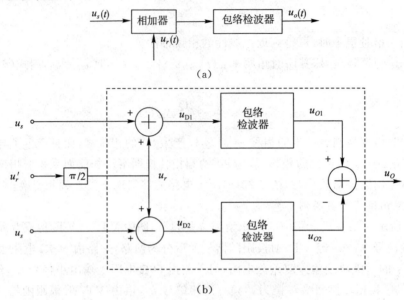

(a)

(b)

图 6-30 叠加型鉴相器实现模型

将两个输入信号叠加后加到包络检波器而构成的鉴相器称为"叠加型鉴相器"，实现模型如图 6-30(a)所示。为了获得较大的线性鉴相范围，通常采用图 6-30(b)所示的平衡电路，称之为"叠加型平衡鉴相器"。

设 $u_s(t) = U_1 \cos(\omega_c t + \varphi_1)$，经过相移网络变换后的信号为

$$u_r(t) = U_2 \cos\left(\omega_c t + \frac{\pi}{2} + \varphi_2\right)$$

其中：$\frac{\pi}{2} + \varphi_2$ 等于 $u_s(t) = U_1 \cos(\omega_c t + \varphi_1)$ 经过相移网络，产生的与频率变化呈线性关系的瞬时附加相位移。则相加信号 $u_{d1}(t)$ 为：

$$
\begin{aligned}
u_{d1}(t) = u_s + u_r &= U_1 \cos(\omega_c t + \varphi_1) + U_2 \cos\left(\omega_c t + \varphi_2 + \frac{\pi}{2}\right) \\
&= U_1(\cos\omega_c t \cdot \cos\varphi_1 - \sin\omega_c t \cdot \sin\varphi_1) \\
&\quad + U_2(-\cos\omega_c t \cdot \sin\varphi_2 - \sin\omega_c t \cdot \cos\varphi_2) \\
&= (U_1\cos\varphi_1 - U_2\sin\varphi_2)\cos\omega_c t - (U_1\sin\varphi_1 + U_2\cos\varphi_2)\sin\omega_c t \\
&= U_{d1}\cos(\omega_c t + \varphi')
\end{aligned}
\tag{6-61}
$$

其中：

$$
\begin{aligned}
U_{d1} &= U_1\sqrt{1 + \left(\frac{U_2}{U_1}\right)^2 + 2\frac{U_2}{U_1}\sin\varphi(t)} \approx U_1\sqrt{1 + 2\frac{U_2}{U_1}\sin\varphi(t)} \\
&= U_1\left[1 + \frac{U_2}{U_1}\sin\varphi(t)\right]
\end{aligned}
\tag{6-62}
$$

$$\varphi(t) = \varphi_2 - \varphi_1$$

当 $\varphi(t) \leqslant \dfrac{\pi}{12}$，$\sin\varphi(t) = \varphi(t)$

式(6-62)说明,当附加的相位移很小的时候,相加信号的幅度与附加相位移成正比,亦即与调制信号成正比,实现解调,不过输出有直流分量。

同理,可得到相减信号 $u_{d2}(t)$ 的幅度为

$$U_{d2} = U_1\left[1 - \frac{U_2}{U_1}\sin\varphi(t)\right] \tag{6-63}$$

这样,经过包络检波后,两个输出信号分别与式(6-62)、(6-63)成正比,而输出信号 u_o 等于两检波器输出差值,即 $u_o(t) = 2K_d U_2 \sin\varphi(t)$,其中 K_d 是检波电路的传输系数或检波效率,由前面分析可知,当 $\varphi(t)$ 很小时,$u_o(t) = 2K_d U_2\varphi(t)$,可实现线性解调。

综上可知,叠加型平衡鉴相器能将两个输入信号的相位差 φ 的变化变换为输出电压 u_o 的变化,因此实现了鉴相功能。

2. 叠加型相位鉴频器电路实例

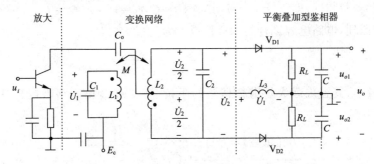

图 6-31 电感耦合叠加型相位鉴频器电路

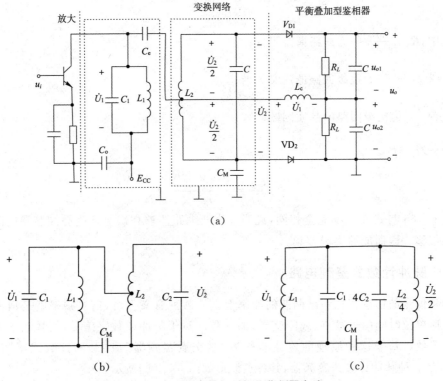

图 6-32 电容耦合叠加型相位鉴频器电路

叠加型相位鉴频器有电感耦合和电容耦合两种形式,如图 6-31、6-32 所示,它们都是通过耦合使次级 LC 回路产生与输入信号频率变化成正比的附加相位的调频调相信号。由于电感耦合体积较大,调整也不方便,目前相对用得较多的是电容耦合相位鉴频电路。

上述图 6-31、6-32 两者主要区别是电感耦合型电路中初次级电感处于弱耦合,而电容耦合型电路初次级电感相互独立,两回路采用 C_0 和 C_M 耦合,通常电容 C_0 较大,对高频信号近似短路,C_M 较小,起弱耦合作用,它们这种弱耦合作用能够使次级 LC 回路产生需要的附加相位移。电路中 V_D、R_L、C 组成幅度包络检波,与前面介绍的乘积型鉴频电路中的包络检波工作原理是一样的,这里不再分析,下面主要对电容耦合型电路的频相转换网络工作原理做简要分析。

耦合电路及其等效电路如图 6-32(b)、(c)所示,初次级回路谐振在调频信号的载波频率上,初次级元件参数相同,即 $L_1 = L_2 = L$,$C_1 = C_2 = C$,$r_1 = r_2 = r$,$f_0 = f_c$。

根据耦合原理,电路电容耦合的耦合系数 k 为

$$k = \frac{C_M}{\sqrt{(C_1 + C_M)(4C_2 + C_M)}} \approx \frac{C_M}{2C} \qquad (6-64)$$

由于 C_M 较小,其容抗远大于谐振回路的阻抗,将次级谐振回路阻抗折算到低端,如图 6-32(c)所示,则有

$$\frac{1}{2}\dot{U}_2 = \frac{\frac{1}{4}\left[-(r_2 + j\omega L_2)\left\|\frac{1}{j\omega C_2}\right.\right]}{\frac{1}{j\omega C_M} + \frac{1}{4}\left[-(r_2 + j\omega L_2)\left\|\frac{1}{j\omega C_2}\right.\right]}\dot{U}_1 = \frac{\frac{1}{4}\frac{R_p}{1 + j\xi}}{\frac{1}{j\omega C_M} + \frac{1}{4}\frac{R_p}{1 + j\xi}}\dot{U}_1 \approx j\omega C_M \frac{\frac{1}{4}R_p}{1 + j\xi}\dot{U}_1$$

$$(6-65)$$

其中,$R_p = \frac{(\omega L_2)^2}{r_2}$ 为回路谐振阻抗;

$\xi = 2Q_e\frac{\omega - \omega_o}{\omega_o}$ 为次级回路的广义失谐;

$Q_e = \frac{\omega L_2}{r_2}$ 为次级回路的品质因数。

因此有

$$\frac{U_2}{U_1} = \frac{j\omega C_M \frac{1}{2}R_p}{1 + j\xi} \qquad (6-66)$$

式 6-66 与式 6-56 完全相同,说明该耦合电路能够在次级产生叠加鉴频电路需要的附加相位移。因而能够实现鉴频。

6.3.4 脉冲计数式鉴频电路

调频信号的信息寄托在已调波的频率上。从某种意义上讲,信号频率就是信号电压或电流波形单位时间内过零点(或零交点)的次数。对于脉冲或数字信号,信号频率就是信号脉冲的个数。基于这种原理的鉴频器称为"零交点鉴频器"或"脉冲计数式鉴频器"。图 6-33(a)是一种脉冲计数式鉴频器,其各点波形如图 6-33(b)所示。

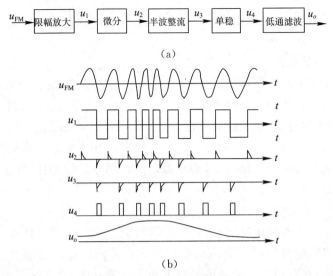

(a)

(b)

图 6-33　脉冲计数式鉴频器

脉冲计数式鉴频器是先将输入信号进行放大限幅成为调频方波信号,再进行微分,然后进行半波整流,得到反映调频信号瞬时频率变化规律的单项脉冲序列,将此脉冲序列触发单稳态电路,得到等脉宽的矩形信号,该信号的疏密反映了瞬时频率的高低,最后通过低通滤波器取出矩形脉冲的平均分量,即获得反映瞬时频率变化规律的调制信号。

若设输入信号的瞬时频率为

$$f(t) = f_c + \Delta f(t)$$

相应的周期为 $T(t) = 1/f(t)$。则脉冲序列中的平均分量为

$$U_0 = A\frac{\tau}{T(t)} = A\tau[f_c + \Delta f(t)] \tag{6-67}$$

式中的 τ 为脉冲宽度,A 为脉冲幅度。

式(6-67)说明 U_0 不失真地反映了输入调频信号的频率变化的规律。显然,为了从调频脉冲序列中不失真地解调出反映瞬时频率变化的规律,应保证脉冲序列中两个相邻脉冲不相互重叠。为此,τ 值就不能取得过大,应将它限制在输入调频信号最高瞬时频率的一个周期内,即

$$\tau < T_{\min} = \frac{1}{f_c + \Delta f(t)} \tag{6-68}$$

反之,如果脉冲形成电路可能形成的最小脉冲宽度为 $\tau_{\min}$,则为了不失真地解调最高瞬时频率 $f_{\max}(=f_c + \Delta f_m)$,必然有

$$f_{\max} < \frac{1}{\tau_{\min}} \tag{6-69}$$

可见,脉冲计数式检波具有线性范围大,便于集成等优点,但上限频率受到 $\tau_{\min}$ 限制,同时,鉴频灵敏度与鉴频上限频率是相互矛盾的。

6.3.5　调频电路附属电路

由于信号在频率或相位解调电路中处理的特点,以及信号传输过程中带来的干扰,实际调频收发机对调制和已调波等信号要进行处理,以提高信号的质量。这些电路主要有:限幅

电路、加重电路、静噪电路等。下面对这些电路原理做简要介绍。

一、预加重及去加重电路

1. 调幅与调频制的噪声频谱

理论证明,对于输入白噪声,调幅制的输出噪声频谱呈矩形,在整个调制频率范围内,所有噪声都一样大。然而,调频制的噪声频谱(电压谱)呈三角形,随着调制频率的增高,噪声也增大。调制频率范围愈宽,输出的噪声也愈大。

另外,调制信号的频谱结构也不是均匀的,一般来讲其能量集中在低频部分,而高频部分的能量较小,这恰好与噪声频谱相反,为了提高高频部分的信噪比,在信号传输过程中要采取预加重和去加重处理。

2. 预加重与去加重电路

所谓预加重,是在发射机调制前,人为提升调制信号的高频部分信号幅度,提高调制信号高频段信噪比,当然这种处理会造成调制信号失真。因此有所谓的去加重,就是在接收端,采用相反的措施,在解调后的调制信号经去加重电路处理,将高频部分信号强度恢复到原有状态,即与原调制信号比例一致。

采用加重电路仅对信号的高频部分进行调整,对低频部分没有改变,因此实际电路和频率特性见图 6-34、6-35 所示。对于调频广播对应的 f_1、f_2 一般取 2.1kHz 和 15kHz。采用预加重与去加重电路,对信号的传输不会产生影响,但能改善接受信号的高端信噪比。

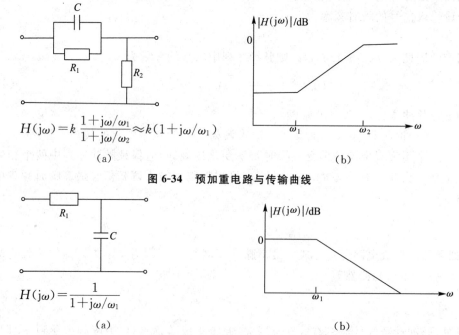

$$H(j\omega) = k\frac{1+j\omega/\omega_1}{1+j\omega/\omega_2} \approx k(1+j\omega/\omega_1)$$

(a)   (b)

图 6-34　预加重电路与传输曲线

$$H(j\omega) = \frac{1}{1+j\omega/\omega_1}$$

(a)   (b)

图 6-35　去加重电路与传输曲线

二、限幅器

已调波信号在发送、传输和接收过程中,不可避免地要受到各种干扰。这些干扰会使已调波信号的振幅发生变化,产生寄生调幅。调幅信号上叠加的寄生调幅很难消除。由于调频信号原本是等幅信号,可以先用限幅电路把叠加的寄生调幅消除,使其重新成为等幅信

号,然后再进行鉴频。除比例鉴频器具有自动限幅功能外,其他解调器均无限幅功能,为了抑制寄生调幅,需在中放级使用限幅电路,

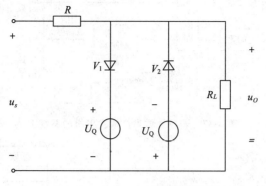

图 6-36 双向二极管限幅电路

图 6-36 所示为双向二极管限幅电路(器),二极管 V_1 和 V_2 正负极性反向并联。U_Q 是直流电压,决定了输出电压的峰值大小。由模拟电路知识可知,只有当输入电压 u_s 最小峰值大于 $(U_Q + U_D(\text{ON}))$ 时,也就是说调频信号要先放大到足够大,限幅才能起作用。

在实际的调频接收机中,往往采用多级差分放大器级联构成限幅中频率放大电路,这样既有足够高的中频增益,又有极低的限幅电平,工作稳定可靠,温度稳定性也较好。

三、静噪电路

由于在调频接收中存在门限效应,因此在系统设计时要尽可能地降低门限值。为了获得较高的输出信噪比,在鉴频器输入端的输入信噪比要在门限值之上。但在调频通信和调频广播中,经常会遇到无信号或弱信号的情况,这时输入信噪比就会低于门限值,解调输出端的噪声就会急剧增加,为了克服这种现象,接收机中一般采用静噪电路,静噪电路的工作原理这里不做介绍。

6.4 调频收发机电路介绍

6.4.1 调频收发机工作原理

一、调频立体声发射机工作原理

图 6-37 所示是调频立体声广播的系统图。左声道信号(L)和右声道信号(R)经各自的预加重后在矩阵电路中形成和信号(L+R)和差信号(L−R)。和信号(L+R)照原样成为主信道信号,差信号(L−R)经平衡调制器对副载波进行抑制载波的调幅,成为副信道信号。主信道信号、副信道信号以及导频信号叠加成为调制信号,调制信号经过调角后,再进行功率放大从天线上发射出去。

调频立体声接收机的框图如图 6-38 所示,在鉴频器之前与单声道调频接收机(或调幅接收机相应部分)的组成相同。一定幅度的调频信号经过鉴频后得到主信道信号、副信道信号以及导频信号,该信号经过立体声解调器恢复出左右信道信号,再经过低频功率放大推动喇叭。其立体声解调器工作原理框图如图 6-39 所示,其详细工作原理这里不做介绍。

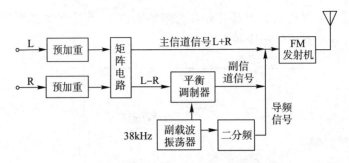

图 6-37　调频立体声广播发射机的系统图

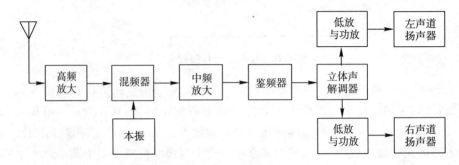

图 6-38　调频立体声接收机的框图

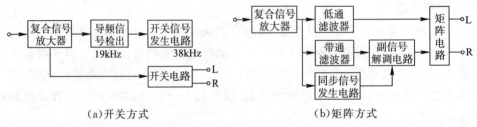

（a）开关方式　　　　　（b）矩阵方式

图 6-39　立体声解调器工作方式

二、单片调频收发机电路

1. MC2833 调频电路

Motorola 公司生产的 MC2831A 和 MC2833 都是单片集成 FM 低功率发射器电路，适用于无绳电话和其他调频通信设备，两者差别不大。现仅介绍 MC2833 电路原理和应用。

图 6-40 是 MC2833 内部结构和由它组成的调频发射机电路。MC2833 内部包括话筒放大器、射频压控振荡器、缓冲器、两个辅助晶体管放大器等几个主要部分，需要外接晶体、LC 选频网络以及少量电阻、电容和电感。

MC2833 的电源电压范围较宽，为 2.8～9V。当电源电压为 8V，载频为 16.6MHz 时，最大频偏可达 10kHz，调制灵敏度可达 15Hz/mV。输出最大功率为 10mW（50Ω 负载）。

话筒产生的音频信号从 5 脚输入，经放大后去控制可变电抗元件。可变电抗元件的直流偏压由片内参考电压 V_{REF} 经电阻分压后提供。由片内振荡电路、可变电抗元件、外接晶体和 15、16 脚两个外接电容组成的晶振直接调频电路（Pierce 电路）产生载频为 16.6MHz 的调频信号。与晶体串联的 $33\mu H$ 电感用于扩展最大线性频偏。缓冲器通过 14 脚外接三倍频网络将调频信号载频提高到 49.7 MHz，同时也将最大线性频偏扩展为原来的三倍，然后从 13 脚返回片内，经两级放大后从 9 脚输出。

　　MC2833 输出的调频信号可以直接用天线发射，也可以接其他集成功放电路后再发射出去。

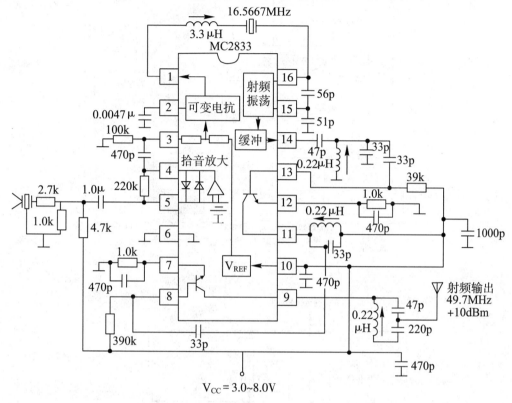

图 6-40　用 MC2833 集成电路构成调频发射机电路

2.MC3361B 调频解调电路

　　上世纪 80 年代以来，Motorola 公司陆续推出了 FM 中频电路系列 MC3357/3359/3361B/3371/3372 和 FM 接收电路系列 MC3362/3363。它们都采用二次混频，即将输入调频信号的载频先降到 10.7 MHz 的第一中频，然后降到 455 kHz 的第二中频，再进行鉴频。它们的不同在于 FM 中频电路系列芯片比 FM 接收电路系列芯片缺少射频放大和第一混频电路，而 FM 接收电路系列芯片则相当于一个完整的单片接收机。两个系列均采用双差分正交移相式鉴频方式。现仅介绍 MC3361B。图 6-41（a）是 MC3361B 内部功能框图，(b)是典型应用电路。从 16 脚输入第一中频为 10.7 MHz 的调频信号与 10.245MHz 的晶振进行第二次混频，产生的 455kHz 调频信号从 3 脚外接的带通滤波器 FL1 取出，然后由 5 脚进入限幅放大器。8 脚外接的 LC 并联网络和片内的 10 pF 小电容组成 90°频相转换网络。相位鉴频器输出低频分量由片内放大器放大后，由 9 脚外接 RC 低通滤波器取出。

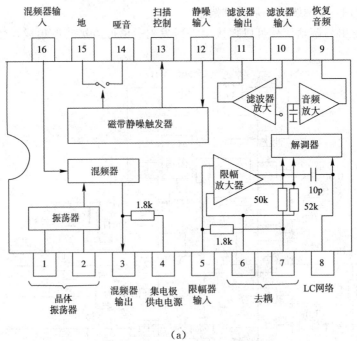

（a）

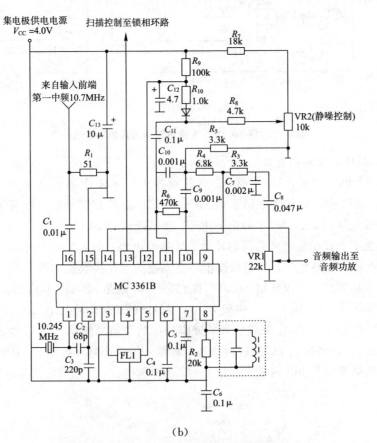

（b）

图 6-41　用 MC3361B 集成电路构成调频接收机电路

3. MC3363 调频接收机

图 6-42 所示为用 MC3363 构成的窄带调频接收机电路,适用于调频通信、调频广播、无线控制设备接收机。

MC3363 工作电压范围 2~6V。天线阻抗为 50Ω,接收 49.67MHz 的调频信号,由电容耦合从 2 脚输入 MC3363。晶体 JT_1 与 5、6 脚内电路组成 38.97MHz 晶体振荡器,产生本振信号与输入信号进行第一次混频,产生第一中频 10.7MHz,由内电路中频放大,Z_1 为 10.7MHz 中频滤波器。

晶体 JT_2 与 25、26 脚内电路组成 10.245MHz 晶体振荡器,产生本振信号与第一中频进行第二次混频,产生 455kHz 中频信号,由内电路放大,Z_2 为 455kHz 中频滤波器。

14 脚外接的 LC 并联网络和片内的 10pF 电容组成 90° 频相转换网络,相位鉴频器输出低频信号由片内放大器放大,经由 16 脚外接 RC 低通滤波输出。

若是单声道信号,送功率放大器 MC34119D 放大,扬声器播放;若是立体声信号,送 LA3361 解码输出。

12 和 13 脚为场强指示驱动电路的外接元件端,调整 12 脚的 50k 电阻可改变场强指示驱动电路的增益。MC3363 内部还置有一级数据信号放大级,17 脚为输入端,18 脚为输出端,可对数据波形进行整形和放大。10 和 11 脚为第二中放级的退耦电容,以保证电路稳定地工作。

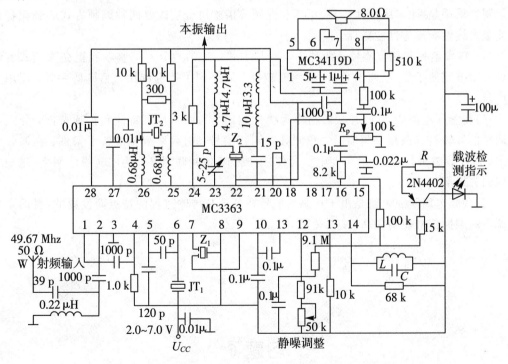

图 6-42　用 MC3363 构成的窄带调频接收机电路

本章小结

（1）调频信号的瞬时频率变化 $\Delta f(t)$ 与调制电压呈线性关系，调相信号的瞬时相位变化 $\Delta\varphi(t)$ 与调制电压呈线性关系，两者都是等幅信号。对于单频调频或调相信号来说，只要调制指数相同，则频谱结构与参数相同，理论上均由载频与无穷多对上下边频组成，即频带无限宽。但是，当调制信号是由多个频率分量组成时，相应的调频信号和调相信号的频谱都不相同，而且各自的频谱都并非是单个频率分量调制后所得频谱的简单叠加。这些都说明了非线性频率变换与线性频率变换是不一样的。

（2）最大频偏 Δf_m、最大相偏 $\Delta\phi_m$（即调制指数 M_f 或 M_p）和带宽 BW 是调角信号的三个重要参数。要注意区别 Δf_m 和 BW 两个不同概念，注意区别调频信号和调相信号中 Δf_m、$\Delta\phi_m$ 与其他参数的不同关系。

（3）直接调频方式可获得较大的线性频偏，但载频稳定度较差，间接调频方式载频稳定度较高，但可获得的线性频偏较小。前者的最大相对频偏受限制，后者的最大绝对频偏受限制。采用晶振、多级单元级联、倍频和混频等措施可分别改善两种调频方式的载频稳定度或最大线性频偏等性能指标。

（4）斜率鉴频和相位鉴频是两种主要鉴频方式，其中差分峰值鉴频和正交移相式鉴频两种实用电路便于集成、调谐容易、线性度较好，故得到了普遍应用，尤其是后者，应用更为广泛。

（5）在鉴频电路中，LC 并联回路作为线性网络，利用其幅频特性和相频特性，分别可将调频信号转换成调频—调幅信号和调频—调相信号，为频率解调准备了条件。在调频电路中，由变容二极管（或其他可变电抗元件）组成的 LC 并联回路作为的非线性网络，是经常用到的关键部件。

（6）调频电路附属电路是由于在调角信号在处理与传输过程的特点而设置的，目的是使解调出的调制信号质量提高，减少失真。

习题 6

6—1 角调波 $u(t) = 10\cos(2\pi \times 10^6 t + 5\cos 2000\pi t)$ (V)，试确定：（1）最大频偏；（2）最大相偏；（3）信号带宽；（4）此信号在单位电阻上的功率；（5）能否确定这是 FM 波还是 PM 波？（6）调制电压。

6—2 已知调制信号 $u_\Omega = 8\cos(2\pi \times 10^3 t)$ V，载波输出电压 $u_o(t) = 5\cos(2\pi \times 10^6 t)$ V，$k_f = 2\pi \times 10^3$ rad/s·V，试求调频信号的调频指数 m_f、最大频偏 Δf_m 和有效频谱带宽 BW，写出调频信号表示式。

6－3 调制信号如题 6-3 图所示。

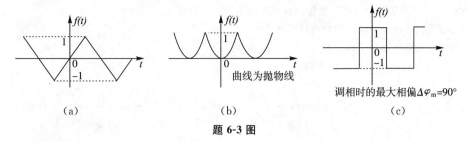

（a）　　　　　　（b）　　　　　　（c）

题 6-3 图

(1)画出 FM 波的 $\Delta\omega(t)$ 和 $\Delta\varphi(t)$ 曲线；

(2)画出 PM 波的 $\Delta\omega(t)$ 和 $\Delta\varphi(t)$ 曲线；

(3)画出 FM 波和 PM 波的波形草图。

6－4 有一调角波信号其表达式为：$u(t)=10\cos(2\pi\times10^6t+5\cos2000\pi t)$（V），试根据表达式分别确定：

(1)最大频偏；

(2)最大相移；

(3)信号带宽；

(4)信号在 100Ω 电阻上的平均功率。

6－5 电视四频道的伴音载频 $f_c=83.75\text{MHz}$，$\Delta f_m=75\text{kHz}$，$F_{\max}=15\text{kHz}$。(1)画出伴音信号频谱图；(2)计算信号带宽；(3)瞬时频率的变化范围是多少？

6－6 若有调制频率为 1kHz、调频指数 $m_f=5$ 的单音频调频波和调制频率为 1kHz、调相指数 $m_p=5$ 的单音频调相波。

(1)试求这种调角波的频偏 m_f 和有效频带宽度 BW；

(2)若调制信号幅度不变，而调制频率为 3kHz 和 4kHz 时，求这两种调角波的频偏 m_f 和有效频带宽度 BW；

(3)若调制频率不变，仍为 1kHz，而调制信号幅度降低到原来的一半时，求这两种调角波的频偏 m_f 和有效频带带宽 BW。

6－7 直接调频电路的振荡回路如题 6-7 图所示。变容二极管的参数为：$U_B=0.6\text{V}$，$\gamma=2$，$C_{jQ}=15\text{pF}$。已知 $L=20\mu\text{H}$，$U_Q=6\text{V}$，$u_\Omega=0.6\cos(10\pi\times10^3t)\text{V}$，试求调频信号的中心频率 f_c、最大频偏 Δf_m 和调频灵敏度 S_F。

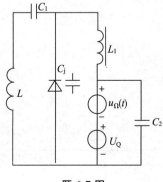

题 6-7 图

6－8 调频振荡器回路的电容为变容二极管，其压控特性为 $C_j=C_{j0}/(1+2u)1/2$。为变容二极管反向电压的绝对值。反向偏压 $E_Q=4\text{V}$，振荡中心频率为 10MHz，调制电压为 $U_\Omega(t)=\cos(\Omega t)\text{V}$。(1)求在中心频率附近的线性调制灵敏度;(2)当要求 $K_{f2} < 1\%$ 时,求允许的最大频偏值。

6—9 题 6-9 图所示为变容二极管间接调频电路图。解释:

(1)什么是间接调频? 间接调频有什么优点?

(2)该间接调频电路的工作原理。

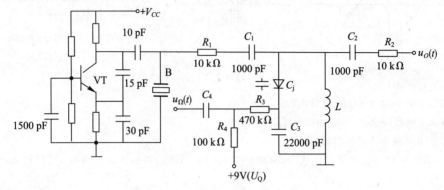

题 6-9 图

6—10 设计一个调频发射机,要求工作频率为 160MHz,最大频偏为 1MHz,调制信号最高频率为 10kHz,副载频选 500 kHz,请画出发射机方框图,并标出各处的频率和最大频偏值。

6—11 题 6-11 图所示不对称电容耦合相位鉴频器电路,其初级、次级回路均调谐在 10.7MHz 上。

(1)若初级或者次级未调谐在 10.7MHz 频率上,鉴频曲线如何变化?

(2)采用哪些方法可使鉴频特性翻转 180°?

(3)任一只晶体二极管断开时会产生什么后果?

(4)若次级回路的总电容保持不变,而使上下两个电容分别为 300pF 和 600pF 时会产生什么后果?

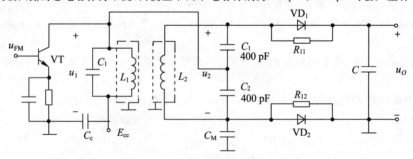

题 6-11 图

6—12 已知调频信号 $u_{FM}(t) = 3\cos\left[4\pi \times 10^7 t + 2\pi \times 10^4 \int_0^t U_\Omega \sin(2\pi \times 10^3 t)\,dt\right]$ （V）,鉴频特性如题 6-12图所示:

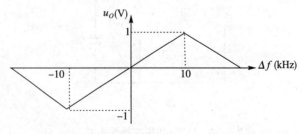

题 6-12 图

（1）U_Ω 满足什么条件时，输出不失真？

（2）当 $U_\Omega = 1\text{V}$ 时，求鉴频器的输出电压 $U_o(t)=?$

6－13　鉴频器输入调频信号 $u_s(t) = 3\cos[2\pi \times 10^6 t + 16\sin(2\pi \times 10^3 t)]\text{V}$，鉴频灵敏度 $S_D = 5\text{mV/kHz}$，线性鉴频范围 $2\Delta f_{\max} = 50\text{kHz}$，试画出鉴频特性曲线及鉴频输出电压波形。

6－14　如题 6-14 图所示两个电路中，哪个能实现包络检波，哪个能实现鉴频，相应的回路参数应如何配置？

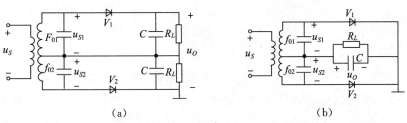

（a）　　　　　　　　　　（b）

题 6-14 图

6－15　简述调频立体声广播的发射与接收原理。

数字调制与解调

7.1 概述

除了在前面章节中已经讲到的模拟调制方式外，还有一类常见调制方式，称为"数字调制"。数字调制方式是将已含有信息的数字脉冲去调制载波。调制的方式有三大类，即：①振幅键控（amplitude shift keying，简称 **ASK**），将图 7-1(a)所示的数字脉冲信号对载波振幅进行调制，图 7-1(b)是已调波形；②移频键控（frequency shift keying，简称 **FSK**），用数字脉冲信号对载波频率进行调制，图 7-1(c)是已调波形；③移相键控（phase shift keying，简称 **PSK**），用数字脉冲信号对载波相位进行调制。此时可以有两种方式：一种是绝对移相键控。简称为 **CPSK**，它是以未调制载波的初始相位作为参考，可用 0°（或 180°）代表码元 **1**，用 180°（或 0°）代表码元 **0**。波形如图 7-1(d)。还有较常见的一种是相对移相键控，简称为 **DPSK**。它不是用难以在接收端准确判定的未调制载波的初始相位为参考，而是用前后码元之间载波相位的变化来表示。例如出现 0 码时，前后两码元的载波初相位相对不变；出现 1 码时，前后两码元的载波初相位相对改变 180°，如图 7-1(e)所示。DPSK 也称"差分移相键控"。

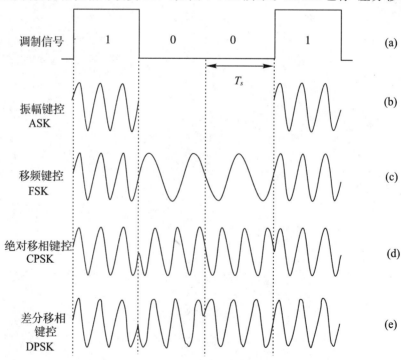

图 7-1 二进制数字调制波形图

数字通信系统常用码元传输速率与信息传输速率这两个指标进行衡量系统的性能。

(1)码元传输速率 R_B。

码元传输速率又称"传码率"或"波特率",是指单位时间(通常为秒)内通信系统所传输的码元数目(即脉冲个数),记为 R_B,单位为波特(Baud)。例如某数字通信系统,每秒传送 4800 个数字波形(或者说 4800 个码元),则传输速率为 4800 波特(或记为 4800B)。

(2)信息传输速率 R_b

信息传输速率 R_b 又称"传信率",是单位时间内通信系统所传送的信息量,单位为比特每秒(bit/s 或 b/s)。根据信息量的定义,1 个二进制码元代表 1 比特(bit)的信息量。因此,在二进制码元中,码元传输速率与信息传输速率在数值上是相等的,即 $R_B=R_b$,但他们的含义不同,前者是指单位时间内传输的码元数目,后者是指单位时间内传输的信息量。

如果所传输的码元是 M 进制($M \geqslant 2$),则每个码元含有的信息量 I 为

$$I = \log_2 M \text{(单位为 bit)} \tag{7-1}$$

由上式不难看出,在数字通讯系统中,若所传输的码元是 M 进制,则码元传输速率 R_B 与信息传输速率 R_b 在数值上存在如下的关系,即

$$R_B = R_b \log_2 M \tag{7-2}$$

例如,在四进制($M=4$)中,已知码元传输速率 $R_B=600B$,则信息传输速率 $R_b=1200b/s$。由此可见,采用多进制码传输,能提高信息传输速率。

与模拟调制系统对比,数字调制的突出优点之一是,抗干扰(或噪声)能力强。在采用模拟调制的传输系统中,一旦产生失真或引入干扰,则这些干扰的频率又与信号频谱重叠,则它们对解调信号的影响是难以消除的。而在采用数字调制的传输系统中,尽管解调信号存在失真或干扰,但只要取样判决电路能正确判定每个码元所代表的是 **1** 还是 **0**,就可不失真地重现原数字信号,如图 7-2 所示。图中(a)为原数字信号;(b)为解调后的波形,存在失真和干扰;(c)为从解调信号中取出与数字信号同步的窄脉冲时钟信号;用它对解调信号在最大值上取样;(d)为取样后的信号,将它与判决电平 V_0 比较,当取样值大于 V_0 时,判为 **1**,否则判为 **0**;(e)为判别后的窄脉冲序列,由它触发单稳态电路,便得到(f)中的重现波形。由此可见,只要失真和干扰引起取样后的信号幅度变化不超过 V_0 值,就不会产生误判。

此外,数字调制系统还有易于保密,便于与计算机联网,可同时传递声音、图像、数据、文件信息等诸多优点。随着中、大规模数字集成电路技术的日益成熟,数字通信系统设备越来越容易制造,成本低,体积小,可靠性高。它的不足之处主要是其占据信道宽。例如,一路模拟电话仅占 4kHz 带宽;而一路数码率为 64kb/s 的数字电话却要占 64kHz 带宽。另一不足之处是,必须具备同步系统,因而系统结构较复杂。

以下分别讨论 **ASK**、**FSK**、**PSK** 的调制与解调问题。

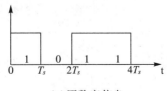

(a)原数字信息

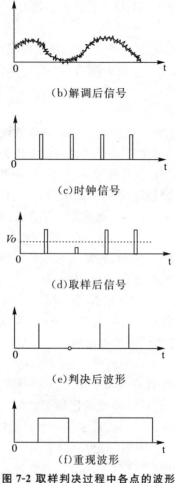

(b)解调后信号

(c)时钟信号

(d)取样后信号

(e)判决后波形

(f)重现波形

图 7-2 取样判决过程中各点的波形

7.2 振幅键控

设未调制的载波电压为

$$u_o(t) = U_{om}\sin\omega_0 t \qquad (7-3)$$

$$S(t) = \sum_n a_n g(t - nT_S) \qquad (7-4)$$

对式 7-3 进行振幅调制。式 7-4 中 a_n 为随机变量,在二进制中,当第 n 个码元为 **1** 时,$a_n=1$;当第 n 个码元为 **0** 时,$a_n=0$(或 -1)。$g(t)$ 是码元的波形,它可以是矩形脉冲,也可以是余弦脉冲或钟形脉冲等。T_S 为码元宽度,它的倒数为码速,单位为比特每秒(bit/s 或 b/s)。于是 ASK 的已调波可表示为

$$u_{ASK} = S(t)u_o(t) = \left[\sum_n a_n g(t - nT_S)\right]U_{om}\sin\omega_0 t \qquad (7-5)$$

波形如图 7-1(b)所示。

7.3　移频键控

移频键控信号产生的方法通常有两种：独立振荡器法和调频法

独立振荡器法的原理方框图见图 7-3。两个独立的振荡器分别产生 $f_1 = f_0 - \Delta f$ 和 $f_2 = f_0 - \Delta f$ 的正弦振荡，由二进制电码经过压控开关控制。当脉冲为 1 时，输出为 f_1；当脉冲为 0 时，输出为 f_2。得到 FSK 信号输出 $u_{\mathrm{FSK}}(t)$，如图 7-1(c)所示波形。

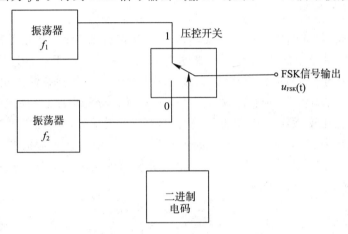

图 7-3　产生 FSK 信号的独立振荡器法

调频法是直接用数字信号对载波振荡进行调制的。它与前一方法的不同点在于，此法的 f_1 和 f_2 由同一振荡器产生，因而 FSK 信号的前后相位是连续的。而图 7-3 的 f_1 与 f_2 是由两个独立的振荡器产生，因而信号的前后相位是无关的（不连续的）。

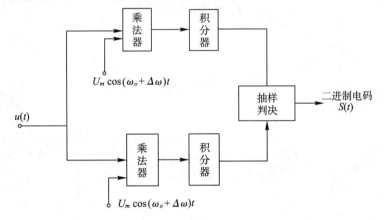

图 7-4　2FSK 信号的相干解调电路的方框图

二元移频键控信号可以采用相干解调，也可以采用非相干解调。图 7-4 为相干解调的组成方框图。图中，用两个同步信号 $U_m \cos(\omega_0 + \Delta\omega)t$ 与 $U_m \cos(\omega_0 + \Delta\omega)t$ 分别加到上、下两个乘法器上，与输入信号 $u(t)$ 相乘后，它们的输出分别通过积分器，加到抽样判决电路上，便可输出所需的数字信号 $S(t)$。

若输入的移频键控信号为 $u(t) = U\cos(\omega_0 + \Delta\omega)t$，则上面的积分器输出的为

$$\int_0^{T_S} A \cos^2(\omega_0 + \Delta\omega) t\, dt \tag{7-6}$$

式(7-6)中,A 为常数,它与乘法器相乘增益、积分器的积分时间常数以及输入信号幅度成正比,T_S 为码元宽度。下面的积分器的输出为

$$\int_0^{T_S} A\cos(\omega_0 + \Delta\omega) t\cos(\omega_0 + \Delta\omega)\, dt = \int_0^{T_S} \frac{A}{2}\cos 2\Delta\omega t\, dt + \int_0^{T_S} \frac{A}{2}\cos 2\omega_0 t\, dt$$

$$= \frac{A}{4\Delta\omega}\sin 2\Delta\omega T_S \tag{7-7}$$

当 $2\Delta\omega T_S = 2n\pi$ 时,上述积分值为零。

通过上述分析,抽样判决电路可判决输入码元为 **1**,否则为 **0**。非相干解调除采用以前介绍的鉴频器外,最简单的方法就是窄带滤波器法。如图 7-5 所示,图中,前置滤波器将 FSK 信号 $u_{FSK}(t)$ 的频带以外的干扰滤去,然后用限幅器切去各种脉冲干扰和寄生调幅;两个窄带滤波器的中心频率分别为 f_1 和 f_2,经包络检波器分别检出它们的包络;两种包络振幅在比较器中进行比较,哪一路包络振幅较大,就判定发送的是那一路频率的信号;最后,整形电路根据判定结果,产生原来发送的二进制电码 $S(t)$。显然前置滤波器和窄带滤波器的频带应选择适当。过宽时将使信噪降低;过窄时会使信号波形产生失真。为了克服上述缺点,可以采用下述的滤波积分法解调。

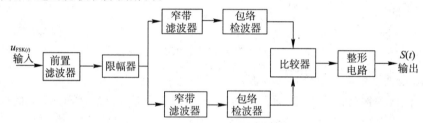

图 7-5　窄带滤波器法方框图

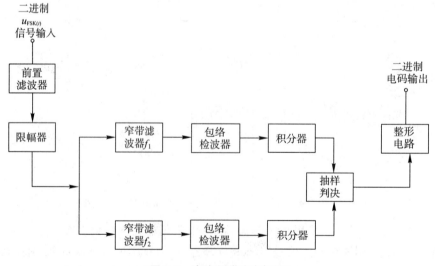

图 7-6　滤波积分法方框图

图 7-6 是滤波积分法解调的方框图。它与上一方法的主要区别有三点：

第一，包络检波后，用积分器在码元宽度 T_s 时间内将包络积分；

第二，在积分完成后，进行抽样判决；

第三，为了放宽对频率稳定度的要求，这里使用的窄带滤波器的宽度比前法略宽。

由于积分器和抽样电路对外部干扰有进一步的抑制作用，所以这种解调方法比前一种方法好。当然还有其他的解调方法，不一一列举。最后指出，小频移的相位连续的 FSK 有利于起伏干扰，其能力甚至超过移相键控信号。所以，为了充分利用信道频带宽度和传输快速数据，可以选用这种调制方式。

7.4 移相键控

移相键控有二相与多相之分。因而在 PSK 之前加入代号，例如，二相 PSK 则记为 2PSK 或 BPSK；四相 PSK 则记为 4PSK 或 QPSK。下面分别介绍这两种 PSK。

7.4.1 二脉冲系列相移相键控

假设数字信号为式(7-4)所示的，载波信号为式(7-3)。二相移相键控是指：**1** 状态时，载波相移为零(即 $\sin\omega_0 t$)；**0** 状态时，载波相移为 $180°$，亦即 $\sin(\omega_0 t+\pi)=-\sin\omega_0 t$。因而在任意码元波形的一般情况下，二相移相键控信号可表示为

$$u_{BPSK}(t) = S(t)u_0(t)$$
$$= U_{0m}\sum_n ang(t-nT_s)\sin\omega_0 t \qquad (7-8)$$

假设 $g(t)$ 为矩形脉冲波，则数字信号 $S(t)$、载波信号 $u_0(t)$ 与相应的 BPSK 的波形 $u_{BPSK}(t)$ 如图 7-7 所示。

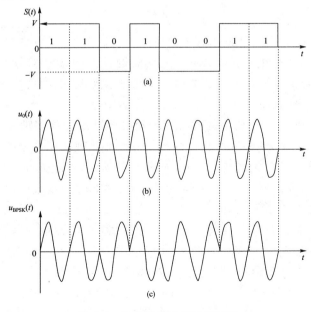

图 7-7 二相移相键控信号波形

由式 7-8 和图 7-7 表明,二相移相键控实际上可等效为由调制信号 $S(t)$ 和载波信号 $u_0(t)$ 相乘的双边带调幅。因此,二相移相键控信号可以用平衡调制器产生。它的解调电路可以用同步(相干)检波器检出 $S(t)$,分别如图 7-8 和 7-9 所示。在图 7-9 中,虚线框是载波信号提取电路,它的工作原理参阅图即可明了,不再累述。

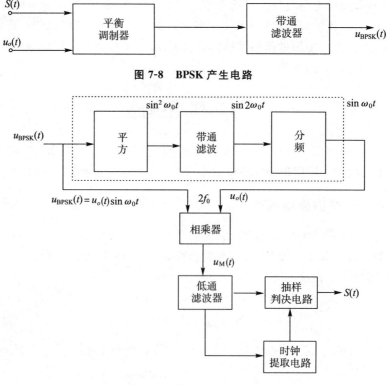

图 7-8 BPSK 产生电路

图 7-9 BPSK 相干解调电路

必须指出,在接收端,为了判断发送的是哪种相位的波形,就应事先获得载波的初始相位,作为参考。但得到载波的初始相位是非常困难的,因而可能造成误判。亦即,原来发送的码元 **1**,在接收端可能显示为 **0**;发送的码元 **0** 则显示为 **1**。为了解决这一问题,可采用下面介绍的差分移相键控(differential phase shift Keying,简写为 DPSK)。

上面讨论的 BPSK 是以未调制的载波信号相位为基准的移相键控,故又称为"绝对调相"。例如,当码元为 **1** 时,它的载波相位取与前一码元的载波相位相同;而当码元为 **0** 时,它的载波相位取与前一码元的载波相位差,如图 7-10 所示,然后进行调相。其也可称为"二相差分移相键控"(binary differential PSK,简写为 BDPSK)。然后用这个差分码在平衡调制器中对载波进行双边带调制,就可得到 BPSK 信号,如图 7-11(a)所示。图中,码变换器是由逻辑电路和延时电路组成的。设 a_k 为输入二进制码,b_k 为相应的差分码,通过时延电路(例如 D 触发器)产生时延一个码元宽度 T_s 的差分码 b_{k-1}。将它与 a_k 共同加到逻辑电路(例如同或门)上,通过下列逻辑运算,产生差分码 b_k,即:$a_k = 1$ 时,b_k 与 b_{k-1} 相同(即 $b_{k-1} = 0$ 时,$b_k = 0$;$b_{k-1} = 1$ 时,$b_k = 1$);$a_k = 0$ 时,b_k 与 b_{k-1} 相反(即 $b_{k-1} = 0$ 时,$b_k = 1$;$b_{k-1} = 1$ 时,$b_k = 0$)。这样,用 b_k 进行绝对调相,得到的就是所需的二相差分移相键控信号 $u_{BDPSK}(t)$,即如图 7-11(b)所示的波形。

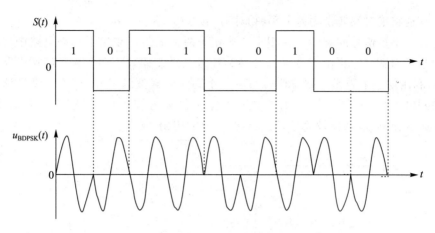

图 7-10　二相差分移相键控信号波形

（a）

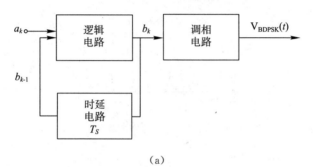

（b）

图 7-11　BDPSK 信号产生电路

还有其他将绝对码转换为差分码(相对码)的方法,不一一列举。

差分移相键控信号的解调也有相干和非相干两种电路。在相干解调电路中,先有同步检波器检出差分码 b_k。再由码变换器变换为输入二进制码 a_k。在非相干解调电路中,如图7-12所示,利用前一个码元的载波信号与后一个码元的载波信号相乘,通过低通滤波器,就可直接得到输入数字信号 $S(t)$。通常称这种电路为"差分相干解调电路",它不需要载波提取电路和码变换器,电路比较简单,因而获得广泛的应用。

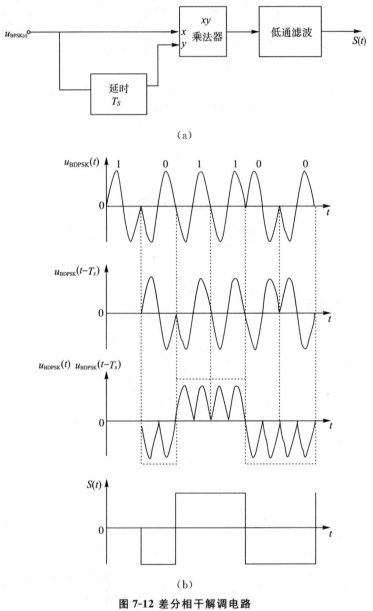

图 7-12 差分相干解调电路

7.4.2　四相移相键控

在数字调相制中,还广泛应用多相制,例如,四相调制、八相调制、十六相调制等。这里介绍"四相调制"的概念,其他数字调制理论由此可见一斑。

四相调相的四个相位可以有不同的选择。图 7-13 所示为常见的两种形式。图 7-13(a) 所示为选择相位 0、$\pi/2$、π 和 $3\pi/2$;(b)所示为选择相位 $\pi/4$、$3\pi/4$、$-3\pi/4$、$-\pi/4$。不难看出,一个四相调相信号等于两个两相调相信号之和。例如,图 7-13(b),0、π 矢量和 $\pi/2$、$-\pi/2$ 分别表示两个两相调相信号,它们之和为 $\pi/4$、$3\pi/4$、$-3\pi/4$,这四个矢量恰为一个四相调相信号。因此,采用两个两相调相器就可以构成一个四相调相电路。图 7-14(a) 所示为它的方框图。其中,被传送的基带数字信号 $S(t)$ 先由串—并变换电路分为 $S_A(t)$ 和 $S_B(t)$ 两个并行序列。其中,序列 $S_A(t)$ 是 $S(t)$ 的奇数码元,$S_B(t)$ 是 $S(t)$ 的偶数码元,如图 7-14(b)所示。用 $S_A(t)$ 对载波 $\sin\omega_0 t$ 进行抑制载波的调幅,得到两相调相波 $u_A(t) = S_A(t)\sin\omega_0 t$;用 $S_B(t)$ 对与 $\sin\omega_0 t$ 正交的载波 $\cos\omega_0 t$ 进行抑制载波的调幅,得到另一个两相调相波 $u_B(t) = S_B(t)\cos\omega_0 t$。两者在相加器中相加,就得到四相调相信号 $u_{QPSK}(t)$。

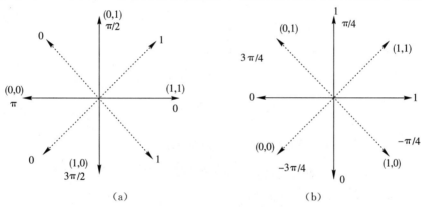

(a)　　　　　　　　　　(b)

图 7-13　四相调相的矢量图

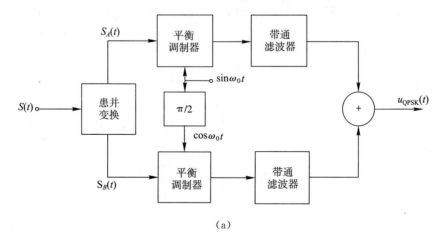

(a)

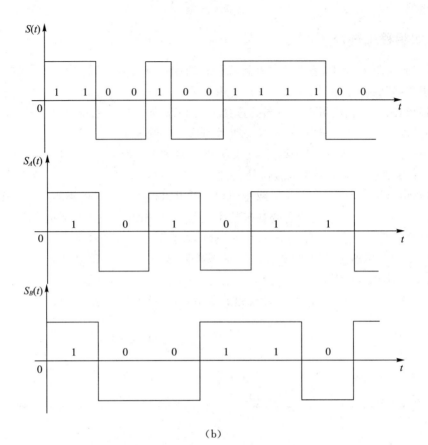

（b）

图 7-14　QPSK 信号产生电路与波形

图（7-15）（a）为四相移相键控（QPSK）信号的解调电路。图中，由载波提取电路提取载波信号 $u_r = \sin\omega_0 t$，并经 $\pi/2$ 移相电路产生载波同步信号 $\cos\omega_0 t$，将它们分别加到上、下两个同步检波器上，并通过抽样判别电路分别取出 $S_A(t)$ 和 $S_B(t)$。最后，由数据选择器交替选择 $S_A(t)$ 与 $S_B(t)$，就可得到回复的数字信号 $S(t)$，如图 7-15（b）所示。

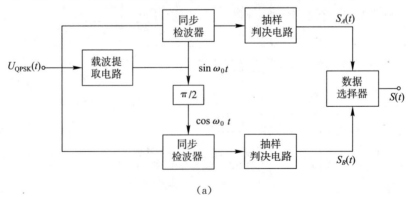

（a）

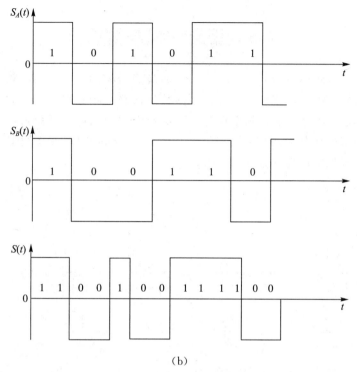

（b）

图 7-15　QPSK 信号解调电路

在 QPSK 信号中,载波相移是由二位码组键控的,二位码组的速率为码元速率的一半。因此与 BPSK 比较,在相同的频谱宽度时,码速可提高 1 倍。

如果输入码流中,每三位作一组,则可有 8 种组合。用这 8 种组合对载波相移键控,就可构成 8 相调相。依次类推,还可构成 16 相、32 相等移相键控信号。移相数目越多,调制效率越高,但电路实现就越困难,抗干扰能力下降。实践中,多相调制一般都用软件实现,比较方便。

7.4.3　移相键控与移频键控的简单比较

由于在模拟通信中,调频制的抗干扰能力优于调幅制,而且设备也不太复杂,因而移频键控在数字通信中首先获得应用。后来出现的相对移相键控,它的抗起伏干扰的能力比移频键控强,而且占用的频带并无增加。在平均功率相同的条件下,移相键控信号解调时,判决错误的概率最小(相对于振幅键控和移频键控而言)。因而在起伏干扰严重,且频带又比较紧张的信道中,移相键控比移频键控更受欢迎。但在抗脉冲干扰和抗衰落(fading)方面,移相键控却不如移频键控,同时它的设备也更复杂一些。因而这两种键控方式,互有短长,可根据实际情况来选用。

7.5　正交调幅与解调

正交调幅(quadrature amplitude modulation,简称 QAM)是利用两个频率相同,但相位相差 90°的正弦波作为载波,以调幅的方法同时传送两路互相独立的信号的一种调制方式。这种调制方式的已调波信号所占频带仅为两路信号中的较宽者,"正交调幅"与"解调"的概念已扩展到 MQAM,其中 M 可取 4、16、32、64、128、256 等,最常用的是 16QAM 和 64QAM。

正交调幅与解调的原理性方框图见图 7-16(a)与(b)。

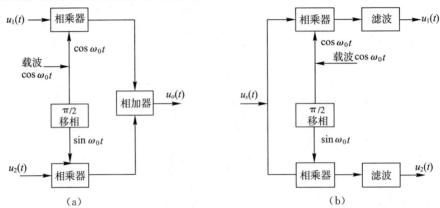

图 7-16　正交调幅与解调的原理性方框图

图 7-16(a)为调制器,两路相互独立的信号 $u_1(t)$ 和 $u_2(t)$ 分别与振幅调制频率为 ω_0,但相位差为 90°(即互相正交)的载波相乘。然后在相加器中相加,得到输出信号为

$$u_o(t) = u_1(t)\cos\omega_0 t + u_2(t)\sin\omega_0 t \tag{7-9}$$

图 7-16(b)所示的为解调方框图,输入信号 $u_o(t)$ 分别与两个互相正交的正弦波相乘,分别得到两个结果:

$$u_o(t)\cos\omega_0 t = u_1(t)\cos^2\omega_0 t + u_2(t)\sin\omega_0 t\cos\omega_0 t \tag{7-10}$$
$$= \frac{1}{2}u_1(t) + \frac{1}{2}\left[u_1(t)\cos 2\omega_0 t + u_2(t)\sin 2\omega_0 t\right]$$

$$u_o(t)\sin\omega_0 t = u_1(t)\cos\omega_0 t\sin\omega_0 t + u_2(t)\sin^2\omega_0 t$$
$$= \frac{1}{2}u_2(t) + \frac{1}{2}\left[u_1(t)\sin 2\omega_0 t - u_2(t)\cos 2\omega_0 t\right] \tag{7-11}$$

后面经过滤波,滤除 $2\omega_0$ 分量后,即得到原来的信号 $u_1(t)$ 与 $u_2(t)$。

由上述结果可知,只要两路载波是严格正交的,两路信号之间就不会有干扰。QAM 也可采用多进制方式,即 MQAM,其中 M 可采用 4、16、32、64、128 和 256 等。最常用的是 16QAM 和 64QAM。MQAM 比相应的 MPSK 调制的抗干扰能力强,故在现代通信中越来越受到重视。

7.6 其他形式的数字调制

随着通信技术的发展,要求不断寻找频带利用率高、抗干扰能力强的时频调制等方式。本文举两例如下。

7.6.1 时频调制

时频调制(time frequency shift keying,简称 TFSK)方式是以多个频率先后出现的次序进行编码来代替数字信息的。例如,二时二频调制,它有两个频率 f_A 与 f_B,它的码元周期 T_B 一分为二,成为两个时隙。前一个时隙传送 f_A,后一个时隙传送 f_B,则表示信息 1;反之,前一个时隙传送 f_B,后一个时隙传送 f_A,则表示信息 0。如图 7-17 所示。又如,四时四频制有四个频率 f_A、f_B、f_C 与 f_D,一个码元周期 T_B 分为四个时隙,则编码规律如图 7-18 所示,分别代表四种双比特信息 11,10,01,00。由于在一个码元时间内传送多个频率,因而有较好的抗干扰作用。

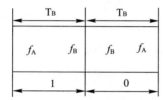

图 7-17 二时二频调制编码规律

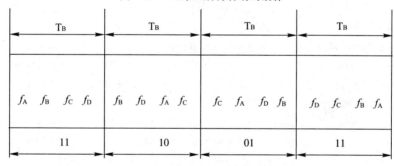

图 7-18 四时四频制编码规律

7.6.2 时频相调制

时频相调制(time frequency phase shift keying,简称 TFPSK)方式是以不同频率、不同相位信号在不同时间,按顺序进行编码,来代表数字信息。例如二频二相调制的编码规律如图 7-19 所示。

随着数字信息技术的飞速发展,不断有新的数字调制与解调方式出现,例如交错四相调制(SQPSK)、最小移频键控(MSK)、幅度—相位复合调制(AMIPM)等。

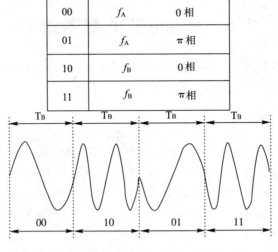

00	f_A	0 相
01	f_A	π 相
10	f_B	0 相
11	f_B	π 相

图 7-19　二频二相调频编码规律

习题 7

7－1　为什么 BPSK 调制可以用相乘器来实现？试绘出 BPSK 调制电路的正框图。

7－2　DPSK 与 BPSK 调制有什么区别？为什么 DPSK 信号在解调时不必恢复其载波？

7－3　已知数字基带信号为 10110010，试绘出 2ASK、2FSK、BPSK 和 DPSK 的波形图。

7－4　若正交调幅解调器的输入信号为 $u_i(t) = A_1(t)\cos\omega_i t + A_2(t)\sin\omega_i t$，本机载波信号分别为 $u_1(t) = \cos(\omega_i t + \varphi)$ 和 $u_2(t) = \sin(\omega_i t + \varphi)$，求解调输出信号的表达式。又，如果本机载波信号不正交，分别为 $u_1(t) = \cos\omega_i t$ 和 $u_2(t) = \sin(\omega_i t + \beta)$，求解调输出信号的表达式，并分析解调结果。

7－5　数字调制中，针对不同的传输信道，如何解决传输速率与抗干扰之间的矛盾？举例说明.

7－6　设待传送序列为 1011010011，假定载波周期 T_C＝码元周期 T_B。4 种双比特码 00,10,11,01 分别用 $0,\pi/2,\pi,3\pi/2$ 的振荡波形表示，试画出调制后对应的 4PSK 信号波形.

第 8 章 反馈控制电路

8.1 概　述

反馈控制电路是电子系统中的一种自动调节电路,其作用是反馈系统在受到干扰的情况下,通过自身反馈控制的调节作用,使某个参数(如电信号的振幅、频率或相位)受控制达到预定的精确度。它被广泛应用于通信系统和其他电子设备中,用以改善或提高系统技术性能或实现某些特定功能。

在反馈控制电路里,比较器、控制信号发生器、可控器件、反馈网络四部分构成了一个负反馈闭合环路。反馈控制系统可以用如图 8-1 所示的方框图来表示。

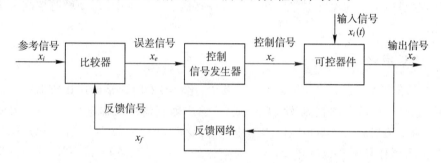

图 8-1　反馈控制系统的组成

其中 x_o 为系统输出量,x_i 为系统输入量,也就是反馈控制器的比较标准量。根据实际工作的需要,每个反馈控制电路的 x_o 和 x_i 之间都有确定的关系,例如 $x_o = f(x_i)$。若破坏了这一关系,则反馈控制器就能够检测出输出量与输入量的关系偏离程度,从而产生相应的误差量 x_e,加到被控对象上对输出量 x_o 进行调整,使输出量与输入量之间的关系接近或恢复到预定的关系 $x_o = f(x_i)$。

根据控制对象(电信号)参量不同,反馈控制电路分为以下三种类型:

1. 自动增益控制(AGC)电路

通过自动增益控制电路,在输入信号幅度变化很大的情况下,使输出信号幅度保持恒定或仅在较小范围内变化的一种自动控制电路,因此,在某些电路中也称为"自动电平控制(ALC)电路"。在 AGC 电路中,比较器通常是电压比较器。AGC 电路主要用于接收机中,控制接收通道的增益,以维持整机输出的恒定,使之几乎不随外来信号的强弱变化。

2. 自动频率控制(AFC)电路

自动频率控制电路是使输出的频率稳定地维持在所需要的频率上。有时也称为"自动频率调谐(AFT)电路"。在 AFC 电路中,比较器通常是鉴频器。AFC 电路主要用于维持通信电子设备中工作频率的稳定。

3.自动相位控制(APC)电路

通过自动相位控制电路,使输出信号的频率和相位稳定地锁定在所需要的参考信号上,因此又称为"相位锁定环"或"锁相环路(Phase Locked Loop,简称PLL)"。其中的比较器一般是鉴相器。由于频率与相位之间的关系,PLL 实际上也是一种自动频率控制电路,而且可做到零频差。PLL 具有锁定和跟踪的功能,能够实现许多功能,被广泛应用在稳频、同步、调制、解调和频率合成器 FS(Frequency Synthesizer)电路中。频率合成器是一种具有较高频率稳定度和准确度、改换频率方便、使用较为简单的电路,可以设计成所需频率的信号源。

8.2 自动增益控制(AGC)电路

在通信、导航、遥测遥控系统中,由于受发射功率大小、收发距离较远、电波传播衰落等各种因素的影响,接收机所接收的信号强弱变化范围很大。若接收机增益没有自动调节能力,输入信号太强时则会造成接收机饱和或阻塞,而若输入信号太弱时接收机又可能接收不到而被丢失。因此,必须采用自动增益控制电路,使接收机的增益随输入信号强弱而变化,它是接收机中重要的辅助电路。在发射机或其他电子设备中,自动增益控制电路也有广泛的应用。

8.2.1 AGC 电路原理

图 8-2 给出了 AGC 电路的组成框图。其中,比较器采用的是电压比较器。反馈网络由电平检测器、低通滤波器和直流放大器组成,检测出输出信号振幅电平,滤去不需要的高频分量,然后进行适当放大后与恒定的参考电平 U_R 比较,产生一个误差信号 u_e。控制信号发生器在这里可看作是一个比例环节,增益为 k_1。若 U_x 减小而使 U_y 减小时,环路产生的控制信号 u_c 将使增益 A_g 增大,从而使 U_y 趋于增大。若 U_x 增大而使 U_y 增大时,环路产生的控制信号 u_c 将使增益 A_g 减小,从而使 U_y 趋于减小。通过环路不断地循环反馈,系统都能使输出信号振幅 U_y 保持基本不变或仅在较小范围内变化。

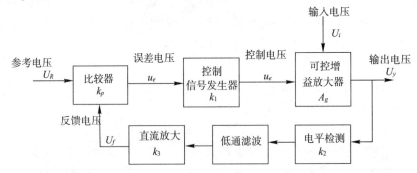

图 8-2 自动增益控制电路组成框图

8.2.2 AGC 的性能指标

AGC 电路包括简单 AGC 电路和延迟 AGC 电路。AGC 电路的主要性能指标有动态范围和响应时间等。

一、动态范围

在给定输出信号幅值变化的范围内，容许输入信号振幅的变化越大，则表明 AGC 电路的动态范围越宽，控制性能越好。

AGC 电路的输入动态范围 m_i

$$m_i = \frac{U_{i\max}}{U_{i\min}} \tag{8-1}$$

AGC 电路的输出动态范围 m_o

$$m_o = \frac{U_{o\max}}{U_{o\min}} \tag{8-2}$$

AGC 电路的动态范围就是输入动态范围 m_i 与输出动态范围 m_o 之比，也称为"放大器的增益控制倍数"，用 n_g 表示

$$n_g = \frac{m_i}{m_o} = \frac{u_{o\min} u_{i\max}}{u_{i\min} u_{o\max}} = \frac{u_{o\min}/u_{i\min}}{u_{o\max}/u_{i\max}} = \frac{A_{\max}}{A_{\min}} \tag{8-3}$$

$$n_g(\text{dB}) = m_i(\text{dB}) - m_o(\text{dB}) \tag{8-4}$$

其中，$A_{\max} = \dfrac{u_{o\min}}{u_{i\min}}$ 是放大器的最大电压增益，它一般发生在输入信号为最小时；$A_{\min} = \dfrac{u_{o\max}}{u_{i\max}}$ 是放大器的最小电压增益，一般发生在输入信号为最大时。由此而知，要扩大 AGC 电路的控制范围，需要增大 AGC 电路的增益控制倍数 n_g，即要求 AGC 电路有较大的增益变化范围。

二、响应时间

由于 AGC 电路是用来对信号电平变化进行控制的闭环控制系统，因此，要求 AGC 电路的动作必须跟得上电平变化的速度。响应时间短，则能够迅速跟上输入信号电平的变化。但是，当响应时间过短时，AGC 电路将随着信号的变化而变化，它将对有用信号产生反调制作用，从而将导致信号失真。因此，需要根据信号的性质和需要，设计适当的响应时间。例如，可采用调节低通滤波器的带宽。

三、稳定性

AGC 属于闭环控制系统，电路设置不当，可能会产生自激振荡等不稳定情况。对于重复周期为 T 的脉冲调制信号，可能会出现频率为 $1/2T$ 的自激振荡。在设计多级大动态范围的电路时，第一级最好采用处理大信号能力强、工作频率高的电路，如 PIN 二极管电路，第二级可采用可变增益放大器电路。

8.2.3　AGC 电路控制特性

根据输入信号的类型、特点以及对控制的要求，AGC 电路主要有以下几种类型。

一、简单 AGC 电路

简单 AGC 电路是只要接收机有外来信号输入，中频放大器有信号输出，AGC 电路就立即工作，产生误差控制电压 U_e 去控制可控增益放大器。图 8-3 中的曲线①表示无 AGC 电路时接收机中频放大器输入与输出之间的关系。曲线②表示具有简单 AGC 电路的接收机中

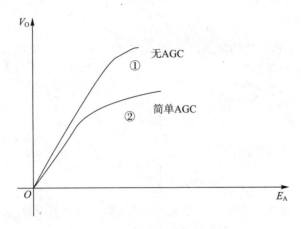

图 8-3　简单 AGC 电路特性

频放大器输入与输出之间的关系。由此可知,具有简单的 AGC 电路的接收机,无论输入信号的大小,其输出电压均比无 AGC 电路的同样接收机输出电压小。它的主要特点是,在接收机输入信号非常微弱时,接收机的输出也因可控增益放大器受控而比 AGC 电路时要小。显然,它会使接收机的灵敏度降低。

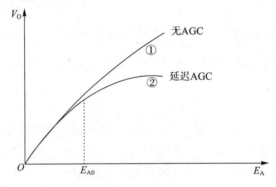

图 8-4　延迟 AGC 电路特性

二、延迟式 AGC 电路

为了既能够保证输出电压振幅恒定,又能够保证接收机有较高的灵敏度。从而设计出延迟式 AGC 电路。延迟式 AGC 电路的特性曲线如图 8-4 中的曲线②所示。它相当于比较电压 U_R 为某一恒定值,当接收机因输入信号电压增加时,接收机中频放大器的输出电压 U_{im} 大于比较电压 U_R 后,AGC 电路工作,能产生误差控制电压 U_e 去控制可控增益放大器,使中频放大器的输出 U_{im} 维持在某一预定值附近。图 8-5 是延迟式 AGC 电路结构。

8.2.4　AGC 的控制方法

一、改变发射极或基极的电流 I_{EQ}

图 8-6 所示为典型的中放管 $\beta \sim I_E$ 曲线。由图可以看出,当 I_E 较小时,β 随 I_E 的增大而增大;当 I_E 增至某一值 I_{EQ} 后,β 最大;若 I_E 继续增大,则 β 逐渐减小。因此根据晶体管的上述特点,利用 AGC 电压控制 I_E 则能够实现 AGC。利用 $\beta \sim I_E$ 曲线的上升部分或下降部分,都可以实现增益控制,前者称为反向自动增益控制,即反向 AGC;后者称为正向自动增益控

制，即正向 AGC。

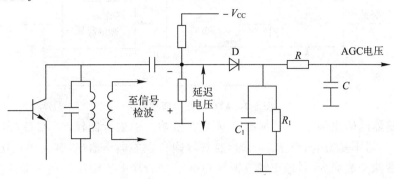

图 8-5　延迟式 AGC 电路结构

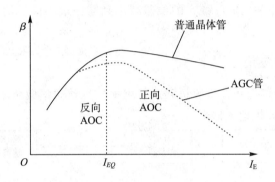

图 8-6　晶体管 $\beta \sim I_E$ 曲线

二、改变放大器的负载 R_L

由于放大器的增益与负载密切相关，因此，通过改变负载就可以控制放大器的增益。它是在集成电路组成的接收机中常用 AGC 方法。在集成电路中受控放大器的部分负载通常是晶体管的发射极输入电阻，若用 AGC 电压控制管子的偏流则该电阻也随之改变，从而达到控制放大器增益的目的。其控制过程可以表示为

$$u_{im} \uparrow \to u_{om} \uparrow \to |\pm U_{AGC}| \uparrow \to R_L \downarrow \to |A_{uo}| \downarrow$$

$$u_{im} \downarrow \to u_{om} \downarrow \to |\pm U_{AGC}| \downarrow \to R_L \uparrow \to |A_{uo}| \uparrow$$

8.3　自动频率控制(AFC)电路

自动频率控制又称为"自动频率微调"，主要用于电子设备中稳定振荡器的振荡频率。它利用反馈控制量自动调节振荡器的振荡频率使振荡器稳定在某一预期的标准频率附近。

8.3.1　AFC 的工作原理

图 8-7 所示为 AFC 电路的原理框图，它由鉴频器、低通滤波器和压控振荡器组成，f_r 为标准频率，f_o 为输出信号频率。

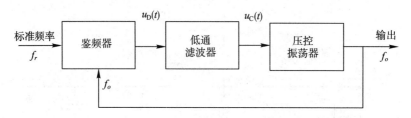

图 8-7　AFC 电路的原理框图

压控振荡器的输出频率 f_o 与标准频率 f_r 在鉴频器中进行比较,当 $f_o = f_r$ 时,鉴频器无输出,压控振荡器不受影响;当 $f_o \neq f_r$ 时,鉴频器则有误差电压输出,其大小正比于 $f_o - f_r$,低通滤波器滤除交流成分,其输出的直流控制电压 $u_C(t)$,去迫使压控振荡器的振荡频率 f_o 向 f_r 接近,之后在新的压控振荡器振荡频率基础上再经历上述同样的过程,使误差频率进一步得以减小,如此循环下去,当 f_o 和 f_r 的误差减小到某一最小值 f 时,自动进入微调过程,环路进入锁定状态。

8.3.2　AFC 电路的应用

自动频率控制电路广泛用作接收机和发射机中的自动频率微调电路。图 8-8 所示是采用 AFC 电路的调幅接收机组成框图。

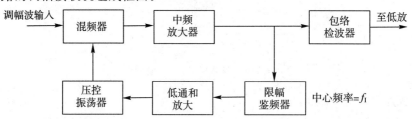

图 8-8　调幅接收机中的 AFC 系统

它比普通调幅接收机增加了限幅鉴频器、低通滤波器和放大器等部分,同时将本机振荡器改为压控振荡器。混频器输出的中频信号经中频放大器放大之后,除输送到包络检波器外,还输送到限幅鉴频器进行鉴频。由于鉴频器中心频率调在规定的中频频率 f_I 上,鉴频器就可将偏离于中频的频率误差变换成电压,该电压通过窄带低通滤波器和放大后作用到压控振荡器上,压控振荡器的振荡频率发生变化,使偏离于中频的频率误差减小。在 AFC 电路的作用下,接收机的输入调幅信号的载波频率和压控振荡器频率之差接近于中频。因此,采用 AFC 电路后中频放大器的带宽得以减小,从而有利于提高接收机的灵敏度和选择性。

图 8-9 所示是采用 AFC 电路的调频发射机组成框图。

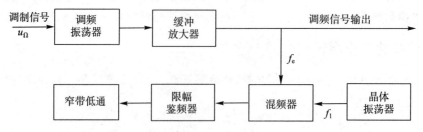

图 8-9　具有 AFC 电路的调频发射机的框图

8.4　自动相位控制电路(锁相环路)

自动相位控制是指一个自激振荡器的相位受另一个基准振荡信号相位的控制,这里所说的相位含频率与初相。当这两个振荡信号频率达到相等且相位差保持最小时我们称之为"相位锁定"。自动相位控制过程即锁相过程。因此,常将自动相位控制称为"锁相 PLL"。锁相技术在现代通信系统、电子测量、自动控制等领域中获得广泛地应用。因为它没有 AFC 中存在的剩余频差,因此,它比用自动频率控制技术进行频率跟踪、稳频等在性能上优越得多。

8.4.1　锁相环路的基本工作原理

一、系统框图

锁相环路的系统框图如图 8-10 所示。锁相环路是由鉴相器(PD,Phase Detector)、环路滤波器(LF,Loop Filter)和压控振荡器(VCO)组成,其中 LF 为低通滤波器。

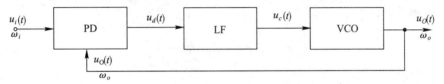

图 8-10　锁相环路的基本组成框图

当输入信号 ω_i 与输出信号的频率 ω_o 不相等时,两信号间存在相位差,即相角差,鉴相器将此相位差转换为误差电压 $u_d(t)$,此电压通过环路低通滤波器滤除高频分量,输出控制电压 $u_c(t)$,$u_c(t)$ 控制压控振荡器使其振荡频率接近输入信号频率 ω_i,通过环路快速的循环调节最终使输出信号与输入信号的频率相等,相位差保持恒定,此种工作状态叫作"环路锁定状态"。

在锁定状态下若输入信号频率在一定范围内变化,环路使输出信号的频率跟随输入信号频率变化,这种工作状态叫作"跟踪状态"。在锁定状态下,若输入信号频率变化超出一定范围,即超出了环路的调节能力,将使压控振荡器回复到原先的自由振荡状态,输出频率不再能跟踪输入信号频率的变化,此工作状态称为"失锁状态"。在失锁状态下,当输入信号频率回调到环路所能控制的频率时,环路从开始跟踪调节到锁定的过程叫作"捕捉过程",该过程所用的时间称为"捕捉时间"。

二、环路组成

1. 鉴相器

鉴相器是锁相环路中的关键部件,模拟乘法器可以实现鉴相功能电路之一。假如输入信号为 $u_i(t) = u_{im}\sin(\omega_i t + \varphi_i)$,输出信号为 $u_o(t) = u_{om}\cos(\omega_o t + \varphi_o)$,则鉴相器输出为:

$$U_d(t) = \frac{1}{2}K_M U_{im} U_{om}\sin[(\omega_i - \omega_o)t + \varphi_i - \varphi_0]$$

$$= K_d \sin\theta_d(t) \tag{8-5}$$

式中:$\theta_d(t) = (\omega_i - \omega_o)t + \varphi_i - \varphi_0$ 为相位差,单位为 rad;$K_d = \frac{1}{2}K_M U_{im} U_{om}$ 为鉴相增益,单

位为 V。如图 8-11 所示为模拟相乘器的鉴相特性，又称为"正弦鉴相特性"。

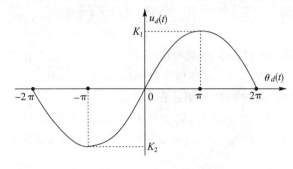

图 8-11　正弦鉴相特性

2.环路滤波器

环路滤波器就是低通滤波器，它有 RC 积分型滤波器、比例积分型滤波器、有源比例积分滤波器等几种形式。下面以比例积分型滤波器为例做简要介绍。如图 8-12 所示，其传递函数为：

$$F(s) = \frac{u_c(s)}{u_d(s)} = \frac{R_2 + \frac{1}{sC}}{R_1 + R_2 + \frac{1}{sC}} = \frac{1 + s\tau_2}{1 + s(\tau_1 + \tau_2)} \tag{8-6}$$

式中，$\tau_1 = R_1C, \tau_2 = R_2C$。

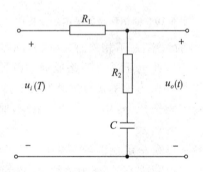

图 8-12　比例积分型滤波器

3.压控振荡器

压控振荡器实质上是调频振荡器，又称为"电压—频率变换器"，它的输出频率受控于 $u_c(t)$，它反映输入信号与输出信号之间的相位差，压控频率特性如图 8-13 所示。

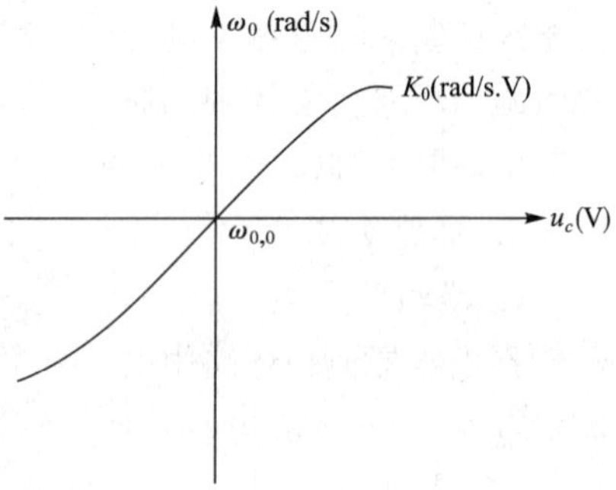

u_c 为 0 时的角频率 $\omega_{0,0}$ 称为"自由振荡角频率"。该曲线斜率称为"压控灵敏度"，或称为"调频灵敏度"，记作 K_0，其单位为 rad/s·V。

三、锁相环的跟踪与捕捉

图 8-13　压控振荡器的控制特性

若环路原本处于失锁状态，由于环路的调节作用最终进入锁定状态，这一过程称为"环路捕捉过程"，环路能捕捉的最大起始频差范围称为"捕捉带"或"捕捉范围",记作 Δf_o。

　　锁相环路的初始状态处于锁定状态,当输入信号频率发生变化,通过环路控制作用使环路重新进入锁定状态这种动态过程称为"环路的跟踪过程"。环路所能跟踪的最大频率范围称为"同步带"或"同步范围"或"锁定范围"记作 Δf_h。

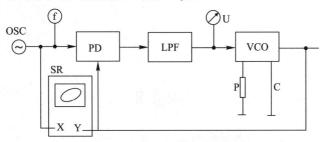

图 8-14　捕捉带与同步带的测试

　　测定捕捉带与同步带的电路方框如图 8-14 所示,图中 OSC 是正弦波信号发生器,作为 PLL 的输入信号源;f 是数字频率计,测 PLL 输入信号频率;U 是数字万用表。SR 是示波器,X 端、Y 端分别连接输入、输出信号用于观察李沙育图形。若输入、输出信号频率相等且锁定,示波器在测量李沙育图形功能下出现稳定的单孔椭圆、圆或直线段等图形。若输入、输出信号频率不相等,则出现多孔椭圆或横网、竖网、斜网等图形,从而判断锁定与失锁。R 和 C 是 VCO 的定时电阻和定时电容,它们共同确定 VCO 的固有振荡频率。测试的方法是首先将信号发生器的频率由低往高缓慢调整,从观察李沙育图形为失锁状态开始。直流数字电压表示值为 U_0。当频率升高到 f_1 时,李沙育图形成为一个椭圆即为锁定状态。U 的示值突降为 U_1。再缓慢升高信号发生器频率,李沙育图形仍为椭圆,但长轴倾斜角发生变化,U 的示值上升。不断升高信号发生器频率达 f_2 时,李沙育图形由单孔椭圆变成不稳定的网形,即由锁定变成失锁 U 的示值由 U_2 跳回至 U_0,此时,继续升高信号发生器频率,环路仍处于失锁状态,U_0 的表示值不变。然后,将信号发生器的频率由高往低缓慢回调,当频率降为 f_3 时,环路由失锁变为锁定,U 的示值跳到 U_3,再继续降低信号发生器频率,环路仍处于锁定状态,U 的示值不断下降。当信号发生器频率达到 f_4 时,环路由锁定变为失锁,U 的示值由 U_4 再度跳回到失锁时的显示值 U_0。继续降低信号发生器频率,环路仍处于失锁状态,直流数字电压表示值 U_0 不变。

本章小结

　　本章主要介绍了在通信系统和电子设备中为了提高技术性能而普遍采用的三类反馈控制电路:自动振幅控制电路(AGC)、自动频率控制电路(AFC)和自动相位控制电路(APC),它们用来改善和提高整机的性能;AGC 用来稳定输出电压或电流的幅度,AFC 用来维持工作频率的稳定,APC 又称"锁相环路(PLL)",用来实现两个电信号的相位同步。其中,锁相环路是利用相位的调节消除频率误差的自动控制系统,由鉴相器、环路滤波器、压控振荡器等组成,它被广泛应用于滤波、频率合成、调制与解调等方面。

习题 8

8－1 锁相环路稳频与自动频率控制电路在工作原理上有什么区别?

8－2 锁相调频电路与一般调频电路的区别? 各自的特点?

8－3 锁相分频、锁相倍频与普通分频器、倍频器相比,主要优点是什么?

8－4 调频接收机的自动频率控制系统为什么要在鉴频器与本振之间接一个低通滤波器,这个滤波器的截止频率应如何选择?

8－5 试分析说明晶体管放大器如何改变电压增益,NPN 晶体管和 PNP 晶体管改变电压增益所加 AGC 电压是否相同,为什么?

第9章 Chapter 9

高效新型高频功率放大器在中波机中的应用

高频功率放大器的主要功能是放大高频信号,并且以高效输出大功率为目的,它主要应用于各种无线电发射机中。发射机中的振荡器产生的信号功率很小,需要高频功率放大器才能获得足够的功率,送到天线发射出去。

高频功率放大器的输出功率范围小到便携式发射机的毫瓦级,大到无线电广播电台的几百千瓦,甚至兆瓦级。过去,功率为几百瓦以上的高频功率放大器,其有源器件大多为电子管,而电子管效率低,损耗大。

新型的高频功率放大器采用数字调制技术,克服了以往各种模拟调制难以避免的非线性失真,有极好的动态响应,效率高,各种电声指标远优于过去各类模拟调制的发射机。以下是过去电子管式发射机和现代全固态高效率大规模集成电路组成的发射机对比。

第一类:电子管式中波发射机

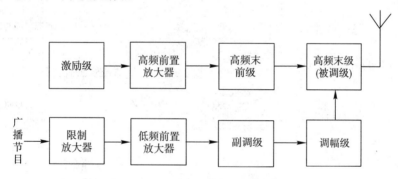

图 9-1　电子管式中波发射机框图

第二类:全固态晶体管式高效中波发射机

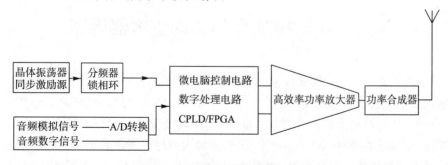

图 9-2　全固态集成化发射机框图

在射频系统中采用高稳定度和高精密度的频率合成器作为激励信号源,极大得提高了发射机工作的稳定性和可靠性。射频系统目前主要采用 MOS 场效应管,MOS 管工作在丁类开关状态,导通时进入饱和区,截止时电流为零。MOS 管的特点输入阻抗高、输出功率大、电压增益高、漏极电流大、MOS 频带宽、高频特性好、开关速度快,功放整体效率大于 90%。

晶体振荡器是为发射机提供所需工作载频的信号源,其由晶体基准信号源、锁相环频率合成器、可编程分频器放大器及相关切换器组成。

晶体基准信号源是一个频率稳定度高达 10^{-8} 的恒温晶体振荡器,其输出频率为4.608 MHz 作为射频激励器的基准信号源。晶体基准信号源输出的高精度 4.608MHz 信号经电压比较器整形放大变成 $V_{P-P}=5V$ 方波,经分频器进行 512 次分频后得 9kHz 基准信号。由于中波广播频段间隔为 9kHz,为适应中波频率设置需要和更改频率的便利,本射频激励器的最小频率间隔设计为 9kHz,此信号作为锁相环基准频率信号。采用锁相环技术是为了提高载频振荡信号源的频率精度和频率稳定度,再送到数字信号处理电路。

在音频系统中,把输入的模拟信号经 A/D 转换后形成一个 12bit 的数字音频信号,经过数字电路处理,再送入微功耗的数字集成电路,最后控制多个功率放大器的工作状态;多个高频功率放大器的输出接到合成变压器的初级,合成变压器的次级仍是调幅方波,经过带通滤波器滤除谐波后,变成调幅正弦波,完成数字的 D/A 转换过程。

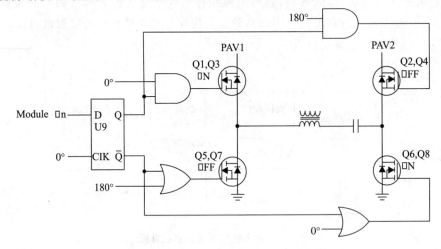

图 9-3 多阶梯式高频功率放大器电路原理图

9.1 多阶梯式高频功率放大器电路

一、高频功率放大器模块简化为 H 桥型放大器

射频放大模块的基本结构是 H 桥,大功率发射机均采用两个 MOS 场效应管并联使用作为一个单元,H 桥型放大器总共有 8 只场效应管,其栅极通过栅极驱动器驱动(场效应管推挽电路)。利用近似方波的电压信号对 H 桥型放大器进行过激控制,低驱动阻抗的应用,使得场效应管具有较高的开关速度。如图 9-3 中 Q1、Q2、Q3、Q4 、Q5、Q6、Q7、Q8 可采用场效应管 IRFP450。一个功率放大器的功率可以从几百瓦到几千瓦。图中 0°和 180°分别是加入相位相差 180°的载波信号。

二、多个高频功率放大器功率叠加采用小台阶补偿量化误差图

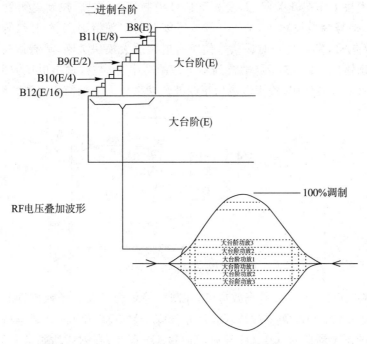

图 9-4　高效全固态功率放大器大、小台阶功率叠加原理图

图 9-4 中 B8、B9、B10、B11、B12 是数字音频信号 12bit 后 5 位，图中的 E/2、E/4、E/8、E/16 分别表示功率放大器电压等级。E 就是一个功放电压等级。其中 B9、B10、B11、B12 是用来补偿量化误差。

三、幅度相位调制高频功率放大器模块

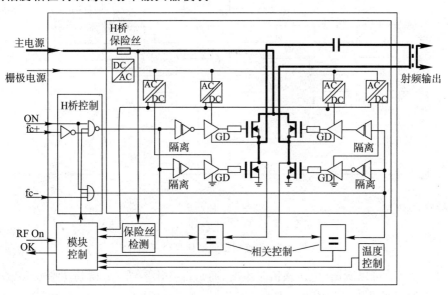

图 9-5　射频放大器模块方框图

图 9-5 是射频放大器模块方框图,其工作原理是:

射频放大模块工作在开关状态,受如下信号控制:ON 信号,控制射频放大模块导通或截止;fc+、fc-信号为载波频率,利用其脉冲宽度调制实现精细调制,补偿阶梯调制的量化误差;RF-ON 信号,发生故障时该信号使所有射频放大模块关断,具有最高优先级。射频放大模块为平衡输出,通过变压器耦合到不平衡的功率合成器,输出电压波形为方波,由于射频输出滤波器的滤波作用,输出电流为正弦波。功率放大器的简化电路如图 9-6:

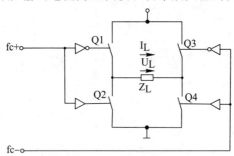

图 9-6   射频模块简化原理图

图 9-6 中 Q1、Q2、Q3、Q4 是场效应管,在图中等效为开关。场效应管的激励信号 Q1、Q4 同相,Q2、Q3 同相,Q1、Q4 与 Q2、Q3 反相。Q1、Q2、Q3、和 Q4 构成电桥的四个臂。在射频激励信号的正半周期间,Q1、Q4 导通,而 Q2、Q3 截止;在射频激励信号的负半周期间,Q2、Q3 导通,而 Q1、Q4 截止。因此,在射频输出变压器的初级两端形成峰峰幅度为 2 倍电源电压的方波,方波的重复频率是发射机载波频率,方波电压通过射频变压器耦合输出。

fc+、fc-信号时序图(fc+、fc-为载波频率):

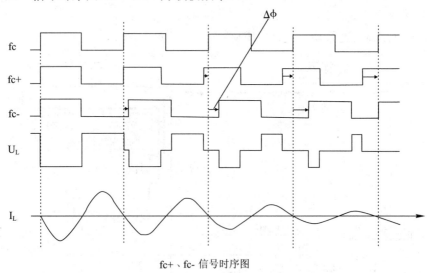

fc+、fc- 信号时序图

图 9-7   幅度相位调制信号时序图

通过上图 U_L 可以看出,电压幅值是不变,而是占空比不同。I_L 就是功率放大后的波形。

幅度相位调制可用矢量图 9-8 表示:

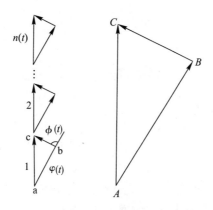

图 9-8　矢量图

图 9-8 中，$\varphi(t)$ 为一个阶梯电平给出的对其进行矢量相移的相移量；$\varphi(t)$ 为完成一个阶梯电平细调所给出的对其进行矢量相移的相移量。如果有 $n(t)$ 个功率模块，则总的阶梯电平（合成载波电压幅度）如图 9-8 所示。

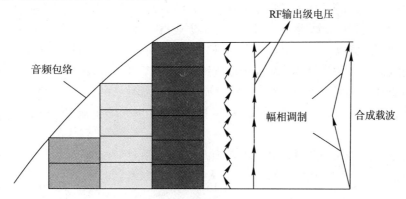

图 9-9　幅度相位调制高频功率放大器功率叠加原理图

幅度相位调制多个高频功率放大器功率叠加原理图说明：

放大信号处理是将脉冲阶梯调制与相位调制结合在一起。图 9-9 中，每个方块代表一个高频功率放大模块，根据功率的不同，模块工作数量不同；量化误差是采用幅度相位矢量合成来完成，见图 9-8 合成载波矢量图；音频包络曲线就是我们要传送的信息。信号整形、滤波及调制，均由数字信号处理器（DSP）完成。

多个高频功率放大器通过功率合成，输出功率可达几百千瓦以及兆瓦级。替代了过去多级放大器采用的电子管。

参考文献

[1] 谢嘉奎, 宣月清, 冯军. 电子线路(非线性部分)[M]. 第四版. 北京: 高等教育出版社, 2000.

[2] 胡宴如, 耿苏燕. 高频电子线路[M]. 北京: 高等教育出版社, 2009.

[3] 曾兴雯, 刘乃安, 陈健. 高频电子线路[M]. 北京: 高等教育出版社, 2004.

[4] 阳昌汉. 高频电子线路[M]. 北京: 高等教育出版社, 2006.

[5] 张肃文. 高频电子线路[M]. 第五版. 北京: 高等教育出版社, 2009.

[6] 宋树祥, 周冬梅. 高频电子线路[M]. 第二版. 北京: 北京大学出版社, 2010.

[7] 胡宴如. 高频电子线路实验与仿真[M]. 北京: 高等教育出版社, 2009.

[8] 林春方. 高频电子线路[M]. 北京: 电子工业出版社, 2013.

[9] 张肃文. 高频电子线路学习指导书[M]. 北京: 高等教育出版社, 2005.

[10] 杨霓清. 高频电子线路[M]. 北京: 机械工业出版社, 2007.

[11] 周选昌. 高频电子线路[M]. 杭州: 浙江大学出版社, 2006.

[12] 王志刚, 龚杰星. 现代电子线路[M]. 北京: 清华大学出版社, 北京交通大学出版社, 2007.

[13] 高吉祥. 高频电子线路[M]. 北京: 电子工业出版社, 2003.

[14] 熊俊俏. 高频电子线路[M]. 北京: 人民邮电出版社, 2013.